AF570827

Andreas Kern

Das Ende der Visco-Kupplung als Allradantriebskonzept

Untersuchung zur rückläufigen Verwendung der Visco-Transmission in Neufahrzeugen

Kern, Andreas: Das Ende der Visco-Kupplung als Allradantriebskonzept: Untersuchung zur rückläufigen Verwendung der Visco-Transmission in Neufahrzeugen. Hamburg, Bachelor + Master Publishing 2014
Originaltitel der Abschlussarbeit: Viscokupplungen im Antriebsstrang von Allradfahrzeugen

Buch-ISBN: 978-3-95820-253-5
PDF-eBook-ISBN: 978-3-95820-753-0
Druck/Herstellung: Bachelor + Master Publishing, Hamburg, 2014
Covermotiv: © Kobes - Fotolia.com
Zugl. Fachhochschule Technikum Wien, Wien, Österreich, Bachelorarbeit, April 2013

Bibliografische Information der Deutschen Nationalbibliothek:
Die Deutsche Nationalbibliothek verzeichnet diese Publikation in der Deutschen Nationalbibliografie; detaillierte bibliografische Daten sind im Internet über http://dnb.d-nb.de abrufbar.

Hermannstal 119k, 22119 Hamburg
http://www.diplomica-verlag.de, Hamburg 2014
Printed in Germany

Kurzfassung

Diese Arbeit erforscht die Gründe für die stark rückläufige Verwendung der „Visco-Transmission“ als kostengünstiges Allradantriebssystem im PKW-Bereich und deren weitgehender Ersatz durch regelbare Lamellen-Kupplungen. Als Hauptgrund wurde die weitgehende Unverträglichkeit von elektronischen Stabilitätsprogrammen (ESP) mit dem selbstregelenden System der Visco-Kupplung identifiziert. Ältere elektronische „Helfer“ wie das Anti-Blockier-System (ABS) sind hingegen mit der Visco-Transmission ohne Zusatzaufwand kombinierbar. Technisch gibt es mehrere Lösungsmöglichkeiten um das einfache System der Visco-Kupplung mit einem ESP-System kompatibel zu machen. Allerdings ist hier eine geregelte Lamellen-Kupplung technisch einfacher, kosteneffizienter und bietet mehr Möglichkeiten zur externen Beeinflussung. Somit ist durch die bestehende ESP-Pflicht für neu zugelassene PKWs ein Verschwinden der Visco-Transmission für den europäischen Automarkt zu erwarten.

Schlagwörter: Viscokupplung, 4WD, ESP, ABS, Allrad, Syncro, Differential

Abstract

This thesis explores the reasons for the sharp decline in use of the "visco-transmission" as a cost-effective all-wheel drive system in the automotive sector and its replacement by external controlled multi-disc clutches. The main reason is the widespread intolerance of Electronic Stability Control (ESC) with the visco coupling as a self-regulating system. Older electronic "helpers" like the anti-lock braking system (ABS), are not a problem and can be combined with the visco-transmission without additional effort.

Technically, there are several possible solutions to combine the simple viscous couplings system with an ESC system. Here, however, a controlled multi-disc clutch is technically more simple, more cost-effective and offers more possibilities for external influencing. Therefore it can be expected that the visco-transmission will disappear from the european car market due the compulsory regulation for ESC for new passenger cars since 2011.

Keywords: visco coupling, all-wheel drive, AWD, ESC, ABS, Syncro,

„Im Rallye Sport wurde meine Vermutung bestätigt, dass ein Auto mit 2 angetriebenen Rädern nur eine Notlösung ist!“[1]

Walter Röhrl (Rallye-Legende)

[1] www.autobild.de/artikel/allrad-jahresrueckblick-2010-1289763.html [Zugriff 03.04.2023]

Inhaltsverzeichnis

1 Einleitung

Diese Arbeit behandelt schwerpunktmäßig die „Entdeckung“ der Visco-Kupplung als billiges 4WD-Nachrüstallrad-Konzept (Hang-On-System) in den frühen 1980er Jahren. Visco-Kupplungen und deren Arbeitsprinzip waren zu diesem Zeitpunkt bereits seit längerem bekannt und wurden beispielsweise als selbstregelnde Kühlerlüfter v.a. im Nutzfahrzeugbereich eingesetzt. Im Antriebsstrang von Kraftfahrzeugen wurde die Visco-Kupplung bis dahin nur parallel zu Ausgleichs-Differentialen als so genannten „Visco-Sperre“ benutzt. Hierbei verhindert die Visco-Kupplung bei auftretender Differenzdrehzahl zwischen den Rädern den prinzipiell sinnvollen Drehzahlausgleich im Differential um z.B. bei winterlichen Verhältnissen ein Fortkommen zu gewährleisten.

Die Volkswagen AG setzte im Zuge des Allrad-Booms 1984 die Visco-Kupplung erstmalig zur direkten Kraftübertragung zwischen den Achsen ein und ersparte sich somit nicht nur ein teures Mitten-Differential sondern auch noch dessen mechanische Sperre. Nur durch dieses einfache Konzept der „Visco-Transmission“ war es möglich die Vorteile des Allradantriebs auch in der „Golf-Klasse“ zu einem marktgerechten Preis anbieten zu können. Das System fand schließlich viele Nachahmer und blieb nicht nur auf das untere Marktsegment beschränkt. Wenige Teile und das weiche Eingriffsverhalten der Visco-Kupplung aufgrund des hydrodynamischen Prinzips erlauben die Realisierung eines Allradsystems mit wenig Zusatzgewicht, weshalb auch Sportwagenhersteller jenes „All-In“ Konzept wählten.

1.1 *Geschichte*

Als erstes Allrad-Fahrzeug in der Ära der Automobile gilt ausgerechnet ein Elektroauto. Der traditionsreiche, österreichische Hofwagen-Fabrikant Lohner war zur Jahrhundertwende auf die junge Automobil-Bewegung aufgesprungen und hatte dafür einen damals 25-jährigen Techniker der Elektrofabrik Egger abgeworben. Der junge Mann hielt nämlich ein Patent auf eine besondere Anordnung von Elektromotoren bei Automobilen: Um sämtliche Probleme der mechanischen Kraftübertragung zu umgehen integrierte dieser die Elektromotoren nämlich kurzerhand direkt in die Antriebsräder. In der Standardversion leisteten die elektrischen Radnabenmotoren jeweils 2,5 PS und trieben die Vorderräder an. Mit dieser Innovation avancierte der junge Mann namens Ferdinand Porsche zum Star der aufstrebenden Automobilbranche und wurde nebenbei auch noch auf der Weltausstellung von 1900 in Paris prämiert. Die Idee zum Allradantrieb wurde allerdings eher nebenbei geboren:

„Um die Forderung des englischen Rennfahrers E.W. Hart nach mehr Leistung und damit höherer Geschwindigkeit seines Elektro-Fahrzeuges zu erfüllen, griff der junge Ingenieur bei Lohner zu einem Trick: Er montierte Radnabenmotoren an den Vorder- und den Hinterrädern und verdoppelte so die Leistung des Fahrzeuges auf immerhin 10 PS."[2]

Abbildung 1 – Lohner Porsche Allrad, Baujahr 1901[3]

Nach heutigen Maßstäben kann man sicherlich nicht von einem Rennwagen sprechen, außerdem mussten die vier Motoren mit ihren 10 PS das Gewicht der Batterien von über 1800 Kilogramm stemmen. Trotzdem reichte die Motorleistung für eine Maximalgeschwindigkeit von 60 km/h. Ein frontgetriebenes Exemplar dieser elektrisierenden Epoche hat die Zeit im Technischen Museum Wien überdauert, und kann dort bestaunt werden.[4]

Spätere allradgetriebene Entwicklungen entstanden vor allem auf der Basis militärischer Forderungen in der Zeit um den Zweiten Weltkrieg. Zu nennen ist hier wiederum eine Konstruktion von Ferdinand Porsche: Der Schwimmwagen (Typ 166) und eine Spezialversion des KdF-Wagens (Typ 87) der nach dem Krieg als VW-Käfer bekannt werden sollte und das Versprechen der nationalen Massenmobilisierung verspätet einlöste.[5] 1940 erfolgte die Ausschreibung der US-Armee für einen leichten Geländewagen mit Vierradantrieb, die Willys

[2] Jürgen Stockmar: Das große Buch der Allradtechnik, Stuttgart 2004, 13-14.

[3] http://www.auto-motor-und-sport.de/bilder/lohner-porsche-erstes-hybridauto-erstmals-allradantrieb-1939709.html [Zugriff 13.03.2013].

[4] http://www.technischesmuseum.at/objekt/elektrofahrzeug-lohner-porsche-1900 [Zugriff 13.03.2013].

[5] Vgl.: Hans Georg Mayer-Stein: Volkswagen: Militärfahrzeuge 1938-1948: KdF-Wagen, Kübelwagen und Schwimmwagen im Einsatz, Friedberg 1993, 29-30.

Overland mit dem GPW für sich entscheiden konnte. Im Jargon der Soldaten wurde aus dem „GeePee" schließlich der Jeep, der als Urvater aller heutigen Geländewagen angesehen wird.[6] Der Name Jeep hat zudem den Gattungsbegriff der leichten Geländefahrzeuge geprägt und wird somit weltweit als Synonym verwendet.

Die zivile Weiterentwicklung der Allradfahrzeuge setzt sich mit dem englischen Land-Rover fort, der auf dem Chassis eines Jeeps entstand und im Busch des afrikanischen Kolonialreichs seinen idealen Einsatzzweck fand. Die Idee des einfachen und robusten Geländewagens wurde von Toyota (Land Cruiser), International Harvester (Scout 80), Ford (Bronco) und schließlich General Motors (Chevrolet Blazer) aufgegriffen. Der Range Rover begründete 1970 das Marktsegment des Luxus-Geländewagens, auf den Mercedes-Benz im Jahr 1979 dank einer Kooperation mit Steyr-Daimler-Puch mit dem G-Modell antwortete. Bei Steyr-Daimler-Puch hatte man bereits seit Ende der 50er Jahre mit dem Kleingeländewagen Puch Haflinger und dem darauf folgenden Puch Pinzgauer Erfahrungen im Bereich des Allradantriebs sammeln können. Diese Geländewagen-Modelle bildeten aber in Summe eine extrem kleine Marktnische und spielten auf dem Pkw-Markt prozentual eine unbedeutende Nebenrolle. Solange beim Allradantrieb der streng rationale Zugang und damit die Nützlichkeit im Vordergrund stand, hielt sich die Nachfrage in Grenzen.[7] Dies änderte sich erst entscheidend als über den Ralleysport ein emotionaler Zugang zum (überlegenen) Allradantrieb gefunden wurde. Der Allradantrieb war jetzt nicht „nur" von Nutzen sondern schlichtweg „besser".

Der Beginn des Allradantriebs in der automobilen Neuzeit ist untrennbar mit der Bezeichnung „Quattro" verbunden. Aufgrund der Entwicklung des Bundeswehr-Geländewagens VW-Iltis durch die hundertprozentige VW-Tochter hatte man bei Audi dessen überraschend gutes Handling bei winterlichen Bedingungen registriert. Dies war die Initialzündung für einen Sportwagen mit Allradantrieb, den Audi Quattro, dessen überragenden Fahreigenschaften sich ab 1981 im Ralleysport zeigten und das Markenimage von Audi prägen sollte. Auf den Erfolg des Allradantriebs im Motorsport folgte der Verkaufserfolg, weshalb in den 80ern zahlreiche „4WD-Modelle" auf der Basis von zweiradgetriebenen Basisfahrzeugen entstanden. Einer dieser frühen Modelle ist der VW T3 Syncro bei dem zum ersten Mal in Großserie eine Visco-Kupplung zur Drehmomentübertragung an die angebundene Vorderachse eingesetzt wurde. Mit der Entwicklung und auch der Produktion hatte man bei VW allerdings die Allrad-Spezialisten bei Steyr-Daimler-Puch in Graz beauftragt. Ein halbes Jahr nach dem Produktionsstart in Graz im Jahr 1984 folgte der VW Golf syncro bei dem mit dem gleichen Antriebskonzept die Hinterachse angebunden wurde.

---

[6] Vgl.: Steve Zaloga, Hugh Johnson: Jeeps 1941-45, Oxford 2005, 12.

[7] Vgl.: Stockmar: Allradtechnik, 57.

Abbildung 2 – VW T3 Syncro in der Sahara[8]

1.2 *Forschungsfrage*

In dieser Arbeit wird der Frage nachgegangen wieso die „Visco-Transmission" als Allrad-Antriebskonzept trotz der damaligen Marktdurchdringung heute weitgehend von der Bildfläche verschwunden ist und wieso in heutigen Allradfahrzeugen vorwiegend regelbare Lamellen-Kupplungen zum Einsatz kommen. Um diese Frage zu beantworten wurden v.a. Diplomarbeiten und Dissertationen zu diesem Themenkreis ausgewertet, da hier von Seiten der Fahrzeughersteller intensiv an unterschiedlichen Problemfällen gearbeitet wurde. Ergänzt wird die Analyse durch Berichte von Fahrzeugentwicklern über den aktuellen Stand der Technik in der Automobiltechnischen Zeitschrift (ATZ).

[8] http://www.autobild.de/bilder/reportage-vw-bus-t3-syncro-17193.html [Zugriff 13.03.2013]

2 Allgemeines zur Visco-Kupplung

Bereits 1917 hat der Amerikaner P. Severy die Idee für eine Flüssigkeitskupplung geboren und zum Patent angemeldet.[9] Allerdings gab es zu dieser Zeit nur dickflüssige mineralische Öle, die für die Übertragung von Drehmomenten nur bedingt geeignet waren da sich einerseits bei Erwärmung ihre innere Viskosität stark verminderte und andererseits die Öle bei höheren Temperaturen Zersetzungserscheinungen zeigten. Dass die Idee grundsätzlich ihre Richtigkeit hatte, erwies sich erst mit der modernen Chemie, und der synthetischen Herstellbarkeit von Silikonölen. So wurde die Grundidee in den 70er Jahren von „Harry Ferguson Developments" wieder aufgegriffen und die moderne Visco-Kupplung geboren. Zu Beginn wurde die Visco-Kupplung im Kraftfahrzeugbereich vor Allem als Wandlergruppe, Schwingungsdämpfer oder zum temperaturgesteuerten Antrieb von Kühlerlüftern benutzt. Anfang der 1980er Jahre fanden sich nach intensiver Entwicklungsarbeit neue Einsatzzwecke, wobei hier der zweite Anwendungsfall im Vordergrund steht:

- Differenzdrehzahlfühlende Differentialsperre (Visco-Sperre)
- Direkte Übertragungseinheit zwischen den Achsen (Visco-Kupplung)

2.1 *Aufbau einer Visco-Kupplung*

Der Aufbau einer Visco-Kupplung ist dem einer Lamellen-Kupplung sehr ähnlich. In einem allseits geschlossenen zylinderförmigen Gehäuse sind zwei verschiedene Arten von dünnen Stahllamellen angeordnet. Die gelochten äußeren Lamellen (Außenlamellen) sind drehfest auf Keilbahnen angeordnet und so mit dem antreibenden Gehäuse verbunden. Die mit einer Außenverzahnung versehenen Hohlwelle mit den aufgesteckten inneren Lamellen (Innenlamellen) bildet den Abtriebsteil. Die Außen- und Innenlamellen sind axial frei verschiebbar und berühren sich während normalen Betriebszuständen nicht, so dass keine mechanische Reibung auftritt. Die Hohlwelle ist im Deckel und im Gehäuse gelagert, wobei das ganze System druckdicht abgeschlossen ist. Die abwechselnd angeordneten Außen- und Innen-Lamellen bilden ein Lamellenpaar, wobei die Außenlamelle gelocht und die Innenlamelle geschlitzt ist. Die optimale Form der Bohrungen und Schlitze wurde empirisch ermittelt.[10] Die Anzahl der Lamellenpaare und somit die Anzahl der Wirkflächen hat zusammen mit dem Durchmesser der Lamellen und der Spaltweite zwischen den Lamellen entscheidenden Einfluss auf das übertragbare Drehmoment.

---

[9] Vgl.: Wolfgang Peschke: Die Wirkungsweise einer Visco-Kupplung und ihr Einfluss auf die Traktion eines Allradfahrzeugs, Dissertation Universität Hannover, 1989, 15.

[10] Vgl. Ebd., 39.

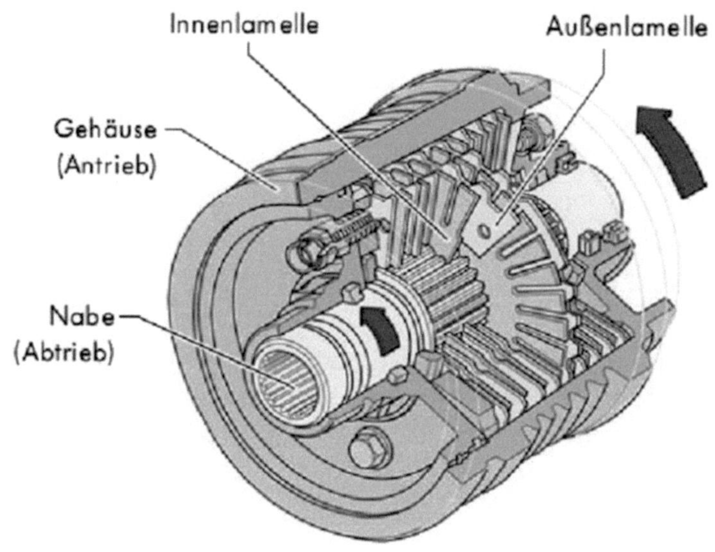

Abbildung 3 – Schnittbild einer Visco-Kupplung[11]

Das freie Innenvolumen der Kupplung ist zu circa 90 % mit hochviskosem Silikonöl gefüllt, das die Kraftübertragung zwischen den Lamellen übernimmt. Dabei handelt es sich rein äußerlich um eine zähe, transparente und geruchlose Flüssigkeit, deren Konsistenz an Honig erinnert. Die Klassifizierung als „Öl" ist für Silikonöle eher irreführend insofern dadurch gewissen Assoziationen einer Schmierfähigkeit hervorgerufen werden. Infolge schwacher zwischenmolekularer Kräfte ist die Tragfähigkeit eine Silikonöl-Wandfilms jedoch sehr gering, was sich insbesondere bei der Materialpaarung Stahl-Stahl bemerkbar macht. Peschke merkt dazu an:

„Für die Werkstoffkombination Stahl / Stahl besitzen Methylsilikonöle im Bereich der Grenzreibung keine Schmiereigenschaften."[12]

2.2 *Funktionsweise einer Visco-Kupplung*

Die Visco-Kupplung ist einer Mehrscheiben-Axialkupplung im Aufbau sehr ähnlich, nur dass üblicherweise die Antriebsmomente über Scherkräfte eines Öls übertragen werden und nicht durch mechanische Reibung. Als Eingangsgröße für das übertragbare Antriebsmoment dient der Visco-Kupplung ausschließlich die variable Differenzdrehzahl zwischen den Achsen. Für das Übertragungsverhalten muss grundsätzlich zwischen zwei verschiedene Modi unterschieden werden. Prinzipiell durchläuft eine Visco-Kupplung zuerst den Viskose-Modus und kann bei fortdauernder Belastung anschließend in den so genannten Hump-Modus wechseln.

---

[11] http://dc430.4shared.com/doc/OY5rDBBO/preview.html [Zugriff 24.04.2013].

[12] Peschke: Visco-Kupplung, 25.

Viskose Modus:

Wenn Gehäuse und Hohlwelle und damit Außen- und Innenlamellen sich gleich schnell drehen und somit auch das sich zwischen den Lamellen befindende Silikonöl mit der gleichen Geschwindigkeit rotiert, ist das Silikonöl keinem viskosem Widerstand ausgesetzt. Daraus folgt, dass in diesem Zustand keine Reibung zwischen den einzelnen Lamellen und dadurch auch keine Reibungsverluste auftreten. Im praktischen Einsatz wird dieser Idealzustand nie erreicht, da bei einem Kraftfahrzeug während des Fahrbetriebes andauernd geringe Drehzahlunterschiede an den einzelnen Rädern (Reifenschlupf, Kurvenfahrten usw..) auftreten.

Sobald Außen- und Innenlamellen sich unterschiedlich schnell drehen, versucht das durch Adhäsion direkt an den Lamellen haftende Silikonöl den divergenten Geschwindigkeitsvektoren zu folgen. Dadurch entsteht in den Molekülen des Silikonöl infolge der Kohäsion eine innere Reibung, die versucht die Differenzdrehzahl zwischen den Lamellen wieder aufzuheben. Dabei unterliegt das Silikonöl an den Bohrungen und Schlitzen der sich gegeneinander drehenden Lamellen zusätzlichen Scherkräften.

Da Silikonöle strukturviskose Flüssigkeiten sind bei denen mit wachsendem Schergefälle die Viskosität sinkt, ergibt sich ein degressives Übertragungsverhalten für das Antriebsmoment.[13] Das übertragbare Moment ist dabei im Wesentlichen von der momentanen Viskosität des Silikonöls und der Geometrie des Lamellenpakets abhängig. Die Viskosität ergibt sich wiederum aus der Basis-Viskosität, der Temperatur und der Scherrate.

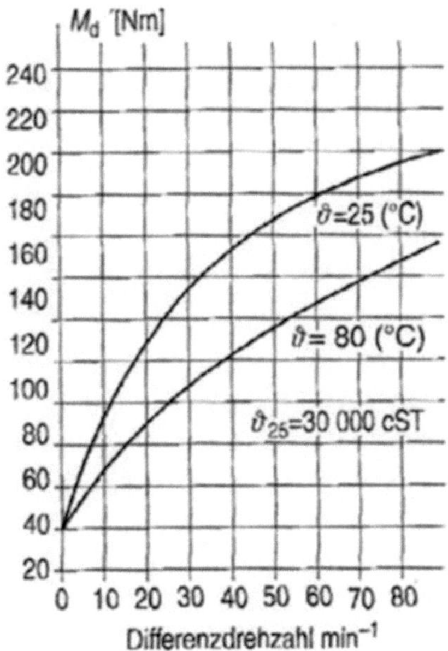

Abbildung 4 – Momentenverlauf bei unterschiedlicher Umgebungstemperatur[14]

---

[13] Vgl.: Peschke: Visco-Kupplung, 32.

[14] Hans Hermann Braess, Ulrich Seiffert: Vieweg Handbuch Kraftfahrzeugtechnik, Wiesbaden 2003, 298.

Hump-Modus:

Im Hump-Modus arbeitet die Visco-Kupplung in einem Bereich der Mischreibung, da neben der Flüssigkeitsreibung auch mechanische Reibung vorliegt. Durch die innere Reibung wird Bewegungsenergie in Wärme umgewandelt, wodurch sich das Silikonöl ausdehnt. Dessen Wärmeausdehnung ist im verwendeten Temperaturbereich (ca. 170°C) sehr hoch und beträgt circa das Vierfache von Aluminium.

Wärmeausdehnungskoeffizient

Silikonöl: $\alpha = 95\text{-}100 \times 10^{-6}\,K$[15]

Aluminium: $\alpha = 23 \times 10^{-6}\,K$[16]

Da der Innenraum der Visco-Kupplung hermetisch abgeschlossen ist, steigt somit der Innendruck infolge der Ausdehnung des Silikonöls sehr rasch an. Dabei bedingt vor Allem der Füllgrad der Visco-Kupplung (z.B. 90 %) die Schnelligkeit des Druckanstiegs. Bei bestehender Differenzdrehzahl wird die enthaltene Luft somit immer stärker komprimiert und geht mit den Silikonöl in Lösung. Ab einer bestimmten Schwell-Temperatur wird somit ein effektiver Füllgrad von 100 % erreicht. In diesem Zustand ist die Luft vollständig im Silikonöl gelöst. Der Innendruck steigt nun sprunghaft an und würde bei einer weiteren Energiezufuhr zur Zerstörung der Visco-Kupplung führen, da diese auf einen maximalen Innendruck von circa 100 bar ausgelegt ist.[17] Hier kommt die Visco-Kupplung in den Hump-Modus:

Bedingt durch eine destabilisierte Strömung liegt in der Visco-Kupplung eine inhomogene Druckverteilung vor. Dadurch entstehen unterschiedliche Lamellenspalte. Werden die Spalte zu eng, dann reißt der Silikonfilm und es kommt zur Berührung einzelner Lamellen und somit zur mechanischen Reibung. Aufgrund dessen erhöht sich schlagartig das übertragene Drehmoment wodurch die Differenzdrehzahl in der Visco-Kupplung rasch sinkt. In Folge der geringeren Reibungsverluste sinkt auch die Temperatur und somit der Innendruck. Die Strömung stabilisiert sich wieder, und die Kupplung wechselt wieder in den Viskose-Modus. Der Übergang zwischen den beiden Modi sollte sehr rasch erfolgen, weshalb die Visco-Kupplung wärmetechnisch optimiert werden muss. Der Hump-Modus ist keinesfalls als Dauerzustand gedacht, sondern nur für kurzzeitige Extremsituationen zur momentanen Traktionserhöhung und ist gleichzeitig ein konstruktionsbedingter Selbstschutz der Kupplung vor Überhitzung durch Überbeanspruchung.

---

15 Peschke: Visco-Kupplung, 26.

16 http://www.uni-protokolle.de/Lexikon/W%E4rmeausdehnungskoeffizient.html [Zugriff 24.04.2013]

17 Vgl.: Peschke: Visco-Kupplung, 70.

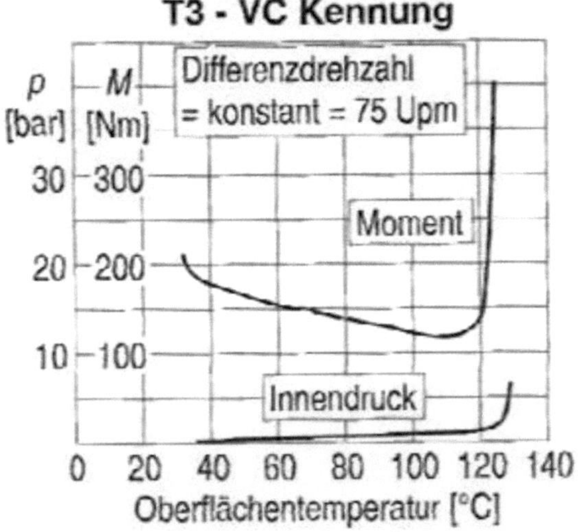

Abbildung 5 – Humpverlauf Visco-Kupplung[18]

2.3 *Charakteristische Kennlinie einer Visco-Kupplung*

Bei geringen Drehzahldifferenzen wird nur ein sehr geringes Drehmoment übertragen. Dadurch ist der Ausgleich der An- und Abtriebswelle bei Kurvenfahrten als auch beim Rangieren und Einparken sichergestellt. Bei zunehmenden Schlupf (z.B. eisglatte Fahrbahn) zeigt sich eine gänzlich andere Übertragungscharakteristik, indem sich für den/die FahrerIn schnell (Zehntelsekundenbereich) und stufenlos das übertragenen Moment erhöht. Die Leistungsverzweigung erfolgt also automatisch ohne manuelle Eingriffe.

Die sich dabei ergebenden Kennlinie gibt den Verlauf des übertragenen Drehmoments als Funktion der Temperatur, und somit indirekt der Differenzdrehzahl, an. Die typische Kennlinie einer Visco-Kupplung kann dafür grob in drei Bereiche unterteilt werden:

---

[18] Braess, Seiffert: Kraftfahrzeugtechnik, 298.

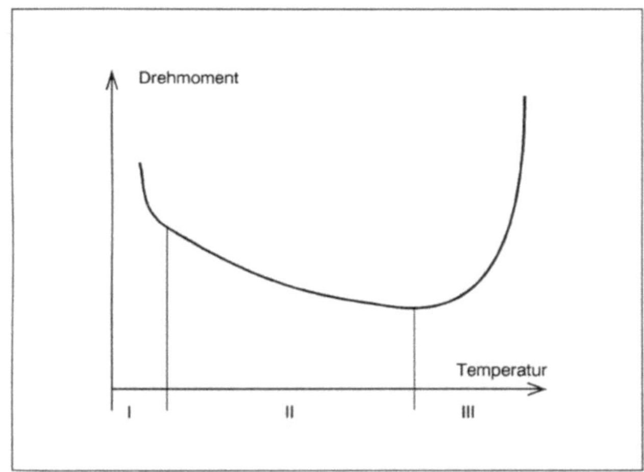

Abbildung 6 – Bereiche der Kennlinie[19]

Bereich I:

Ohne Differenzdrehzahl sind Silikonöl und Luft zwei streng voneinander getrennte Phasen. Erst mit steigender Differenzdrehzahl kommt es zur Durchmischung, wobei die entstehenden Luftblasen als „Störstellen" mit verminderter Scherfestigkeit wirken. Durch die steigende Anzahl von Luftbläschen vermindert sich gleichzeitig das übertragbare Drehmoment.

Bereich II:

Durch die steigende Temperatur sinkt die Viskosität des Silikonöls. Dieser Vorgang wird durch das abnehmende Luftvolumen und der dadurch abnehmenden Störstellen teilweise eingebremst. Bei reinem Silikonöl (ohne gelöster Luft) wäre die Viskositäts-Verminderung noch deutlicher.

Bereich III:

Durch den inhomogenen Druckanstieg kommt es schlagartig zum mechanischen Kontakt der Lamellen und somit zur Festkörperreibung, die mit steigendem Innendruck immer mehr zunimmt. Die Temperatur, bei der der Hump-Modus eintritt ist wesentlich vom Füllgrad der Visco-Kupplung abhängig.

---

[19] Hanspeter Mayer: Lebensdauer einer Viscokupplung unter vorgegebenen Betriebsbedingungen, Diplomarbeit TU Graz, 1990, 14.

3 Allradkonzepte

3.1 *Drehzahlausgleich*

Beim Befahren von Kurven laufen nicht nur die Räder einer Achse auf unterschiedlich großen Spurkreisen, sondern auch Vorder- und Hinterachse rotieren mit unterschiedlichen Geschwindigkeiten. Daraus folgt, dass jedes Rad und jede Achse mit unterschiedlichen Drehzahlen rotiert. Die Vorderräder rollen schneller auf den größeren, roten Spurkreisen, die Hinterräder langsamer auf den kleineren schwarzen. Die Drehzahldifferenzen beim Kurvenfahren müssen bei formschlüssiger Koppelung der Antriebselemente Differenziale ausgleichen.

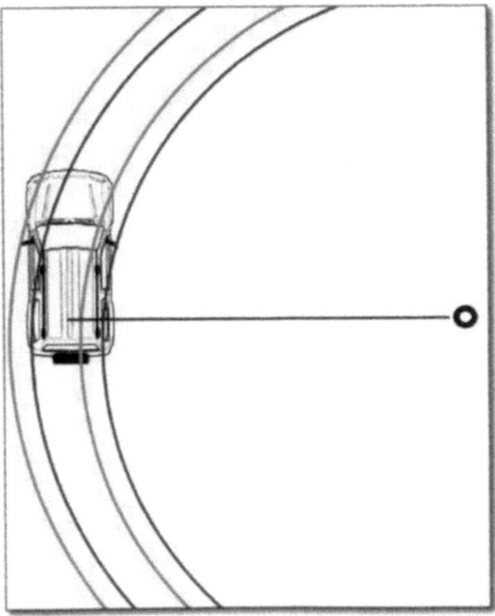

Abbildung 7 – Drehzahlunterschiede der Räder bei Kurvenfahrt[20]

Beim idealen Allradantrieb arbeitet ein Mittendifferenzial (bzw. Längsdifferential) zum Drehzahlausgleich zwischen Vorder- und Hinterachse und zwei Differentiale in den beiden Achsen. Dabei ist das Kegelraddifferenzial die am weitesten verbreitete Bauform, bei dem standardmäßig das Gehäuse angetrieben wird. Im Gehäuse sitzen die horizontal liegenden Ausgleichskegelräder, die das Drehmoment wie Waagebalken an die vertikal liegenden Abtriebskegelräder weiterleiten. Die Abtriebskegelräder treiben dann entweder die einzelnen Räder einer Achse an (Achsdifferential), oder aber die Vorder- und Hinterachse (Längsdifferential).

---

20 Stockmar: Allradtechnik, 85.

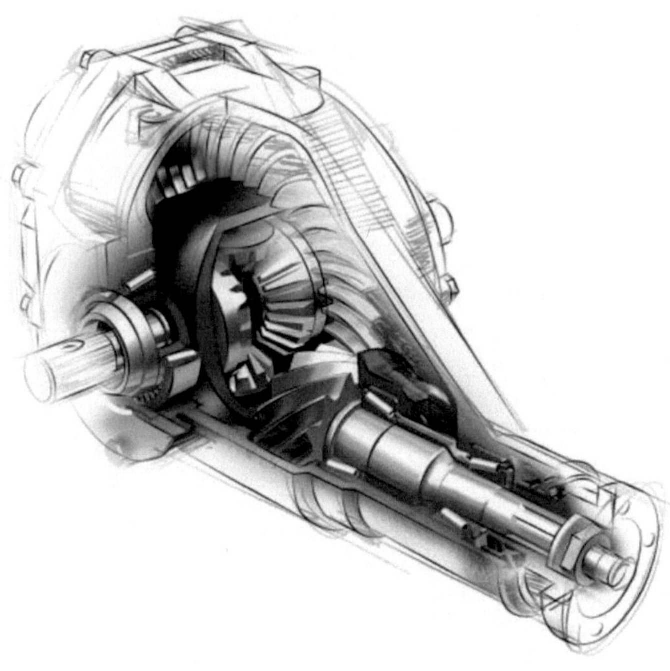

Abbildung 8 – Kegelraddifferential mit Antriebswelle[21]

Prinzipbedingt findet der Drehzahlausgleich zwischen den Achsen bzw. den einzelnen Rädern auch dann statt, wenn er unerwünscht ist. So z.B.: im Gelände oder auf der eisigen Winterfahrbahn. Dabei dreht immer das Rad mit dem geringsten Haftwert durch und der Vortrieb bricht zusammen. Am schlimmsten ist natürlich wenn bei einer Geländefahrt ein Rad frei in der Luft hängt. Für den anspruchsvolleren Einsatz muss ein solches Allrad-System daher zwingend mit Traktionshilfen kombiniert werden, welche die Funktion der Differenziale im Bedarfsfall kurzzeitig unterbinden. Zum Vergleich der unterschiedlichen Sperrsysteme wird häufig der so genannte „Sperrwert S" in Prozent angegeben:

$$S = \frac{Moment_{hoch} - Moment_{niedrig}}{Moment_{hoch} + Moment_{niedrig}} \times 100\ [\%]$$

Formel 1 – Sperrwert[22]

---

[21] http://www.nskeurope.de/cps/rde/xchg/eu_de/hs.xsl/kegelraddifferential-und-antriebswelle.html [Zugriff 25.04.2013]

[22] Braess, Seiffert: Kraftfahrzeugtechnik, 297.

3.2 *Systematik der Allradantriebe*

Die große Marktvielfalt an Allradlösungen verlangt zur Vergleichbarkeit eine sinnvolle Einteilung nach Funktion und Ausführung. Das wesentliche Unterscheidungskriterium ist dabei die Koppelung der beiden anzutreibenden Achsen. Denn die Kraftübertragung zwischen Vorder- und Hinterachse kann prinzipiell über eine Kupplung („Hang-on-System") oder ein Differential erfolgen.

Bei den einzelnen Gruppen wurde bewusst keine Reihung im Sinne einer technologischen Entwicklungskette oder eine technologische Bewertung im Sinne von besser oder schlechter vorgenommen. So erreichen beispielsweise mechanisch simple Allradlösungen mit zuschaltbarer Achse oder einem mechanisch sperrbaren Mittendifferenzial eine höhere Steigfähigkeit als moderne Konstruktionen mit elektronischen Steuerungen – sie alle können die Effizienz des einfachen Systems mit 100 Prozent Sperrwert nicht übertreffen.[23] Die Entscheidung für ein bestimmtes System muss deshalb individuell an das Einsatzprofil des Fahrzeuges angepasst werden und stellt in gewisser Weise immer einen Kompromiss dar. Wie der Allradantrieb im Einzelnen realisiert werden kann, geht aus folgender Systematik hervor:

Koppelung der Achsen			
	Differential	**Permanent ohne Differentialsperre (+ Radbremsung)**	*Lexus RX 300, BMW 3er*
		Permanent mit schaltbarer Sperre (z.B.: Kegelrad-Differential mit Klauenkupplung)	*Puch G, Land Rover Hummer H1/H2*
		Permanent mit Differentialbremse (z.B.: Torsendifferential / Viscosperre)	*Audi A4/A6 Quattro*
	Kupplung	**Regelbare Lamellen-Kupplung (z.B.: Viscomatic/ Haldex / xDrive)**	*VW Golf 4-motion Volvo XC90 Audi A3 Quattro*
		Selbstregelnde Kupplung (z.B.: Viscokupplung)	*VW T3 Syncro Porsche 911 Turbo*
		Nicht Permanent – Allrad mit starrer Kupplung (z.B.: Klauenkupplung)	*Subaru Justy I, Fiat Panda I 4x4*

Tabelle 1 – Systematik der Allradantriebe[24]

Grundsätzlich gelten alle angeführten Systeme, mit Ausnahme des Zuschaltallrads, als permanente Allradantriebe. Denn immer wenn eine kraft- oder formschlüssige Verbindung zwi-

[23] Vgl.: Stockmar: Allradtechnik, 116.

[24] Harald Naunheimer, Bertsche Bernd, Lecher Gisbert: Fahrzeuggetriebe Grundlagen, Auswahl, Auslegung und Konstruktion, Berlin 2007, 148.

schen den Achsen besteht, spricht man von einem permanenten System. Diese Einteilung sagt jedoch nichts über die Höhe des übertragbaren Moments auf eine angebundenen Achse aus, weshalb auch ein Allradantrieb mit einer Visco-Kupplung als „permanent" gilt, obwohl der über die Visco-Kupplung geleitete Momentenanteil in vielen Fahrsituationen nur äußerst gering ausfällt.[25]

3.3 *Fahrzeuge mit Längsdifferential zwischen den Achsen*

Bei den Allradsystemen mit Mitten-Differential erfolgt die Momentenverteilung auf die beiden Achsen durch ein Kegelrad- oder ein Planetenrad-Differential. Differentiale in Planetenradbauweise haben den Vorteil, dass sich das Antriebsmoment je nach Übersetzung zwischen Vorder- und Hinterachse beliebig aufteilen lässt (z.B.: 35 : 65), während bei Kegelraddifferentialen die Momentenverteilung immer mit 50 : 50 feststeht. Sollte an einer der angetriebenen Achse ein hoher Schlupf auftreten, dann kann das Mitten-Differential z.B. über einer Klauenkupplung gesperrt oder über ein Torsen-Verteilerdifferential gebremst werden.

3.3.1 Fahrzeuge mit Permanent-Allrad ohne Sperren

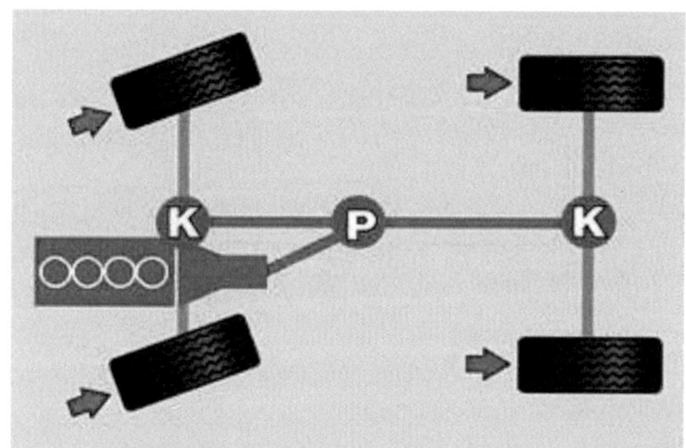

Abbildung 9 – Permanent Allrad mit Planetenrad-Mittendifferenzial[26]

[25] Vgl.: Stockmar: Allradtechnik, 84.
[26] Richard Fischer: Fachkunde Kraftfahrzeugtechnik, Wien 2010, 322.

Bei Fahrzeugen deren permanenter Allradantrieb nur mittels eines einfachen Planetenrad- oder Kegelraddifferenzial ohne Sperrmöglichkeit realisiert ist, bedarf es einer zusätzlicher Traktionshilfe um auf eisglatter Fahrbahn den Vorteil eines Vierradantriebs nutzen zu können. Die einfachste, und daher am häufigsten angewandte Möglichkeit, besteht im automatischen Bremseingriff. Dabei wird das durchdrehende Rad durch eine kurze Bremsung verzögert und die Antriebskraft somit wieder auf die anderen Räder verteilt. Der große Vorteil dieses elektronischen Systems ist die kostengünstige Realisierung, da dafür zumeist das bestehende ABS-Steuergerät samt Sensorik (mit-)verwendet wird.

3.3.2 Fahrzeuge mit Permanent-Allrad und schaltbaren Sperren

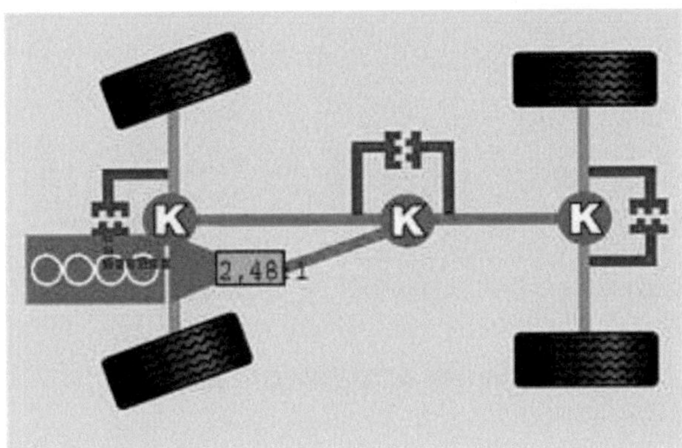

Abbildung 10 – Permanent Allrad mit drei schaltbaren 100% Sperren[27]

Das Beste für schweres Gelände sind nach wie vor simple, mechanische Sperren. Dabei wird die Wirkung der Differenziale gänzlich aufgehoben, weshalb man von einer hundertprozentigen Sperrwirkung spricht. Wenn beispielsweise alle drei Differentiale (Hinterachs-, Längs- und Vorderachsdifferenzial) gesperrt werden, dann drehen sich die vier Räder des Fahrzeugs alle gleich schnell und erhalten somit alle das gleiche Antriebsmoment. In diesem Modus ist das Fahrzeug allerdings praktisch nicht mehr lenkfähig, sondern fährt nur noch geradeaus.

Mechanisch werden die Sperren meist als Klauen- oder Zahnkupplung ausgeführt. Im nicht betätigen Zustand können die beiden Wellenenden frei gegeneinander (mit Drehzahldifferenzen) rotieren. Sobald die Sperre betätigt wird, wird eine verzahnte Schiebemuffe in die andere eingerückt, wodurch eine formschlüssige Verbindung hergestellt wird. Üblicherweise lassen sich Klauenkupplung nur im Stillstand oder bei geringen Drehzahlunterschieden schalten. Zur Betätigung der Schaltmuffe wird meist im Fahrzeug ein Hebel angeordnet der pneumatisch, elektromechanisch, hydraulisch oder mit reiner Handkraft ein Stellglied auslöst.

---

[27] Richard Fischer: Fachkunde Kraftfahrzeugtechnik, Wien 2010, 322.

Das Limit bei dem manuellen System liegt selten in der Technik sondern bei den Fähigkeiten des Fahrers bzw. der Fahrerin.

Um ungeübte Personen zu entlasten, existieren als Besonderheit auch elektronisch geregelte und damit automatische Klauenkupplungen. Ein solches System wurde beispielsweise unter dem Namen „ADM – Automatic Drivetrain Management" von Magna Steyr für den Nutzfahrzeugbereich entwickelt. Dabei reagieren Sensoren auf etwaige Differenzdrehzahlen und schalten die einzelnen Sperren automatisch während der Fahrt zu. Durch eine besondere Ausbildung der Stirnklauen mit sehr weiten Lücken ist bei diesem System ein Schaltvorgang auch bei hohen Differenzdrehzahlen bis zu 400 U/min zulässig.

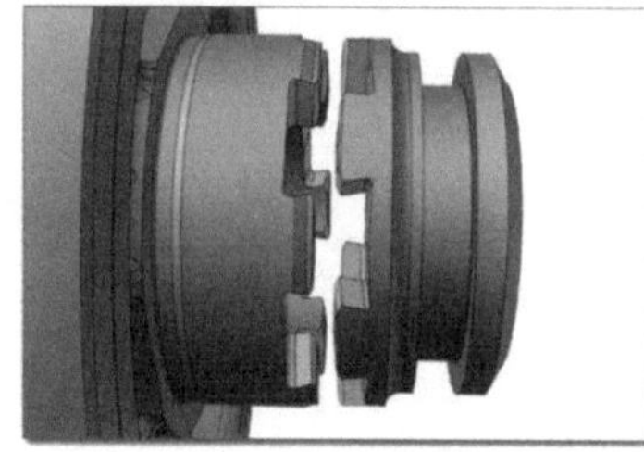

Abbildung 11 – Stirnklauen des ADM Systems[28]

3.3.3 Fahrzeuge mit Permanent-Allrad und Differentialbremse

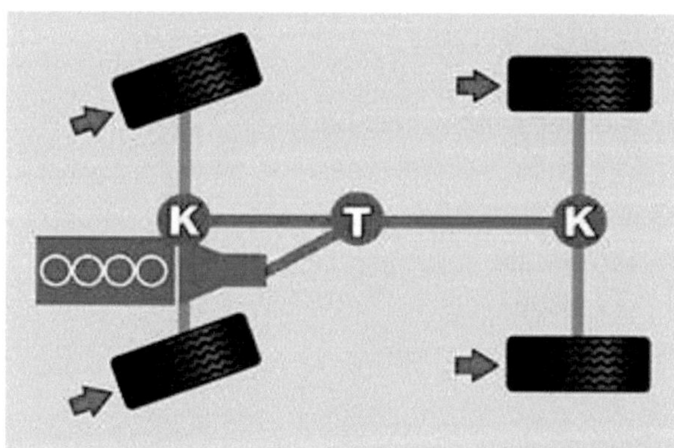

Abbildung 12 – Permanent Allrad mit TORSEN-Längsdifferential[29]

Eine vergleichsweise einfache Bauart einer Differentialbremse stellt das TORSEN-Differenzial als selbstsperrendes, mechanisches Schneckenradgetriebe dar. Der Markenname TORSEN wird aus den englischen Wörtern **TOR**que **SEN**sing gebildet und bedeutet „drehmomentfühlend". Das Grundprinzip des TORSEN-Differenzials beruht auf der Selbsthemmung zwischen Schnecke und Schneckenrad eines Schneckenradgetriebes. Dabei er-

[28] Stockmar: Allradtechnik, 91.

[29] Richard Fischer: Fachkunde Kraftfahrzeugtechnik, Wien 2010, 322.

zeugen Schneckenräder mit gekreuzten Achsen im Inneren des Differentials unter Last große Axialkräfte, die über Reibelemente eine Sperrwirkung von bis zu 44 % hervorrufen.[30] Da TORSEN-Differenziale ein Grundmoment benötigen um durch innere Reibungskräfte die Sperrwirkung zu erzeugen, versagt es wenn ein Rad frei in der Luft hängt oder auf eisglatter Fahrbahn steht. Hier genügt aber zur Initiierung der Sperrwirkung ein kurzer, gezielter Bremseingriff. Im Schiebebetrieb öffnet das TORSEN-Differenzial, was bergab und bei der Rückwärtsfahrt nachteilig sein kann.

Anstatt einem TORSEN-Differenzial kann auch ein herkömmliches Kegelrad- oder Planetenraddifferenzial mit einer parallel betriebenen Visco-Kupplung kombiniert werden. Sobald Differenzdrehzahlen zwischen den Achsen auftreten, verhärtet die Visco-Kupplung und sperrt den Drehzahlausgleich im Differenzial. Da bei dieser Ausführung das Differenzial durch eine Visco-Kupplung überbrückt wird, spricht man von einer so genannten „Visco-Sperre“. Die Sperrwirkung kann dabei im „Hump-Modus“ annähernd 100 % betragen.

3.4 *Fahrzeuge mit Kupplung (ohne Längsdifferential)*

Allradsystemen mit Kupplung sind dadurch gekennzeichnet, dass die zweite Achse manuell oder automatisch zugeschaltet wird. Die kostengünstigste Möglichkeit zur Koppelung der Achsen liegt in der Verwendung einer starren Klauenkupplung. Dieses System kann allerdings nur auf Untergründen mit geringen Haftwerten eingesetzt werden, da es beispielsweise auf Asphalt zu hohen Verspannungen im Antriebsstrang führt.

Im Gegensatz dazu spricht man von einem permanenten Allradantrieb wenn die beiden Achsen über eine Visco- oder eine Lamellenkupplung verbunden sind. Bei der selbstregelnden Viscokupplung verteilt sich das Antriebsmoment nach einer festen Kennlinie in Abhängigkeit von der auftretenden Differenzdrehzahl zwischen Vorder- und Hinterachse.

Bei regelbaren Lamellenkupplungen kann das Kupplungsmoment in einem weiten Bereich von außen variiert werden. Somit erlaubt dieses System die Momentenverteilung zwischen Vorder- und Hinterachse an die dynamischen Fahrzustände anzupassen.

30 Vgl.: Stockmar: Allradtechnik, 89.

3.4.1 Fahrzeuge mit regelbarer Lamellen-Kupplung

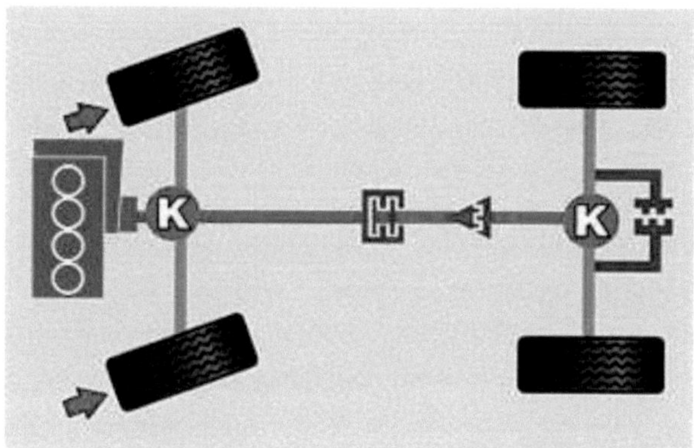

Abbildung 13 – Permanent Allrad mit regelbarer Lamellenkupplung als Längsausgleich[31]

Im Unterschied zur trocken arbeitenden Einscheiben-Motorkupplung, werden im Allrad-Antriebsstrang aufgrund der wesentlich höheren Belastungen im Ölbad laufenden Mehrscheiben-Kupplungen zur Koppelung der Achsen eingesetzt. Das Drehmoment wird dabei durch Reibkräfte übertragen, die durch das gegenseitige Anpressen der einzelnen Scheiben entsteht. Die dafür notwendige Anpresskraft kann unterschiedlich erzeugt werden:[32]

1. durch Fremdenergie (elektrisch, hydraulisch)
2. durch die Differenzdrehzahl (z.B.: Antrieb hydraulischer Pumpe)

Wesentliche Vertreter der ersten Gruppe mit reiner Fremdregelung sind:

Viscomatic:

Die Basis der Viscomatic bildet eine regelbare Viscokupplung. Dabei werden über einen hydraulischen Kolben die Spaltweite (zwischen den Scheiben) und das Innenvolumen der Kupplung verändert. Durch ein zusätzliches Planetengetriebe ist es möglich die Antriebsverteilung zwischen „Einachsantrieb“ und „starrem Allradantrieb“ zu variieren.

---

[31] Fischer: Kraftfahrzeugtechnik, 323.

[32] Vgl.: Stockmar: Allradtechnik, 92.

BMW xDrive:

Beim xDrive-System wird die Vorderachse durch eine regelbare Lamellenkupplung angebunden. Dabei regelt ein Elektromotor über eine Kurvenscheibe und einem Spannarm die Anpresskraft des Lamellenpaketes und damit den Drehmomentanteil zur Vorderachse.

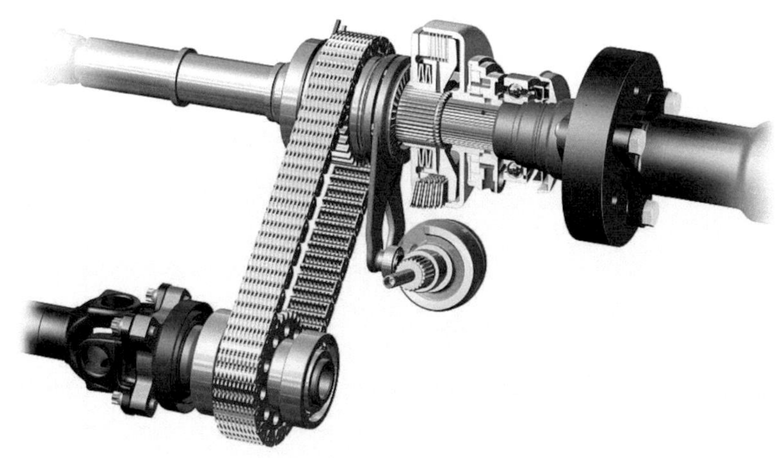

Abbildung 14 – BMW xDrive[33]

Der wichtigste Vertreter der zweiten Gruppe ist die Haldex-Kupplung.

VW 4motion:

Die Haldex-Kupplung stellt eine Kombination eines differenzdrehzahlfühlenden Pumpensystems (Taumelscheibe und Ringkolben) mit einer Lamellenkupplung dar. Dabei treibt die Differenzdrehzahl eine axial wirkende Mehrkolben-Hochdruckpumpe deren Druck als Anpresskraft für die Scheibenlamellen dient. Zum Wirkungsaufbau wird somit, ähnlich der Visco-Kupplung, eine Differenzdrehzahl benötigt. Über ein fremdgesteuertes Hydraulik-Ventil kann die Anpresskraft dabei in sehr weiten Grenzen variiert werden. Die neueste Ausführung der Haldex-Kupplung arbeitet mit einer elektronischen Vorpumpe, die auch schon ohne Differenzdrehzahl zwischen An- und Abtrieb eine Kupplungswirkung aufbauen kann.[34]

---

33 https://www.press.bmwgroup.com/pressclub/p/ch/photoDetail.html [Zugriff 24.04.2013]

34 Vgl.: Stockmar: Allradtechnik, 97.

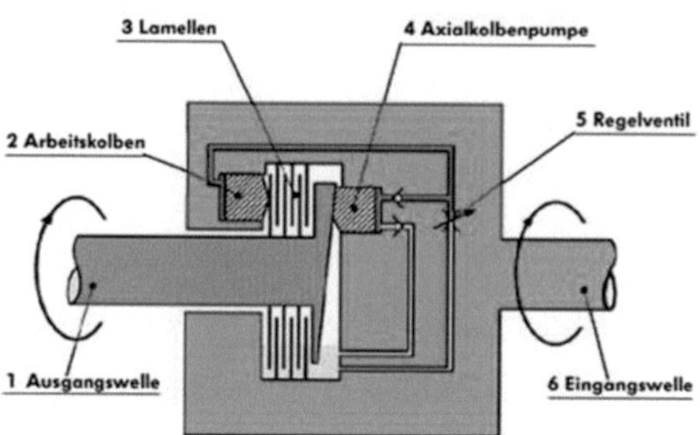

Abbildung 15 – Haldex-Kupplung[35]

Bei Systemen mit geregelter Lamellenkupplung kann die Anpresskraft gezielt gesteuert werden. Dazu werden vielfältige Einflussfaktoren elektronisch ausgewertet die den fahrdynamischen Zustand widerspiegeln. So kann beispielsweise die Drehzahl der Räder, das aktuelle Motormoment, die Bremssituation, der Lenkwinkel bis hin zu Sondersituationen (Abschleppen, Prüfstand, Überhitzung) berücksichtigt werden.[36]

Lamellenkupplungen werden aus fahrdynamischen Gründen zumeist im schleifenden bzw. rutschenden Betrieb eingesetzt. Aufgrund des Leistungsverlusts in der Kupplung durch den Schlupf muss die entstehende (Verlust-)Wärme zwangsweise abgeführt werden. Unerlässlich ist somit eine Kühlung durch das Ölbad und eine Schutzeinrichtung gegen Überhitzung.

3.4.2 Fahrzeuge mit selbstregelnder Visco-Kupplung

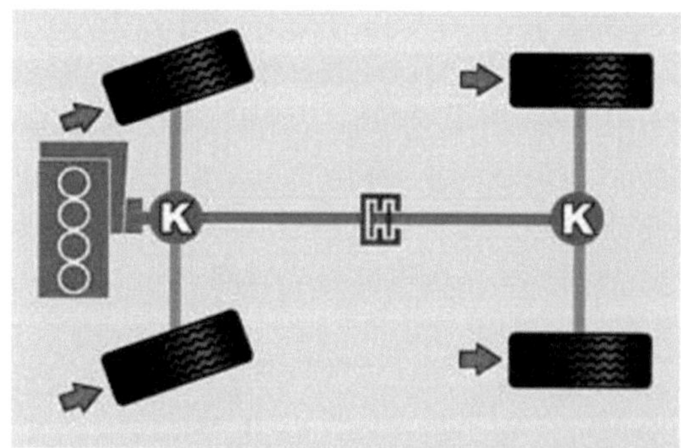

Abbildung 16 – Permanent Allrad mit selbstregelnder Visco-Kupplung[37]

Die Viscokupplung ist ähnlich aufgebaut wie eine Lamellenkupplung. Allerdings ist das Gehäuse der VC mit Silikonöl gefüllt und nach außen mit speziellen Dichtungen abgedichtet. Im

---

[35] http://www.kfztech.de/images/kfztechnik/pop_hal.gif [Zugriff 24.04.2013]

[36] Vgl.: Braess, Seiffert: Kraftfahrzeugtechnik, 300.

[37] Fischer: Kraftfahrzeugtechnik, 323.

Gegensatz zur Lamellenkupplung übertragt die VC das Drehmoment überwiegend durch die Scherkräfte der Flüssigkeitsreibung. Eine Besonderheit der VC ist der systemeigenen Schutz gegen Überhitzung, da ab einer gewissen Grenztemperatur die VC sprunghaft in den „Hump" Modus wechselt. Durch den hohen Anpressdruck der Lamellen kommt es zur Festkörperreibung, wodurch die Kupplung praktisch starr wirkt und somit wieder selbsttätig in ein thermisches Gleichgewicht kommt. Eine detaillierte Beschreibung der Wirkungsweise findet sich im Kapitel „Aufbau einer Visco-Kupplung".

3.4.3 Fahrzeuge mit zuschaltbarem, nicht permanentem Allradantrieb

Fahrzeuge mit zuschaltbarem Allradantrieb stellen eine Sonderkategorie dar. Diese fahren im Straßenbetrieb zumeist mit nur einer angetriebenen Achse und sind seit langem bekannt. Diese Konzeption war bis 1980 vorherrschend und wurde (bis auf wenige Ausnahmen) bei Geländefahrzeugen eingesetzt. Die Zuschaltung der im Normalbetrieb nicht angetriebenen Achse erfolgt durch eine Klauen- oder Lamellenkupplung. Die Kupplung wird meist vom Fahrer bzw. der Fahrerin selbst betätigt – wobei auch automatisch geschaltete Versionen verfügbar sind. Vorder- und Hinterachse werden somit bei Bedarf starr miteinander verbunden. Dem Vorteil der einfachen Bauweise steht der Nachteil des fehlenden Drehzahlausgleichs bei Kurvenfahrten infolge eines fehlenden Längsausgleichs gegenüber. Dies führt bei eingelegtem Allrad auf griffigem Untergrund zwangsweise zu Verspannungen im Antriebsstrang und somit hohem Reifenverschleiß. Optimal eignet sich dieses System für echte Geländefahrzeuge auf Untergründen mit geringen Reibwerten, da hier der notwendige Drehzahlausgleich zwischen den Achsen nicht behindert wird. Bei Fahrzeugen die überwiegend auf der Straße bewegt werden scheidet die starre Verbindung beider Achsen aus mehreren Gründe aus. Insbesondere das indifferente Kurvenverhalten infolge des erhöhten Schlupfes der Hinterräder bei Kurvenfahrten macht ein solches Fahrzeug auf nasser Fahrbahn kaum beherrschbar. Die Drehmomentverteilung von der Vorderachse zur Hinterachse beträgt 50 : 50 Prozent.

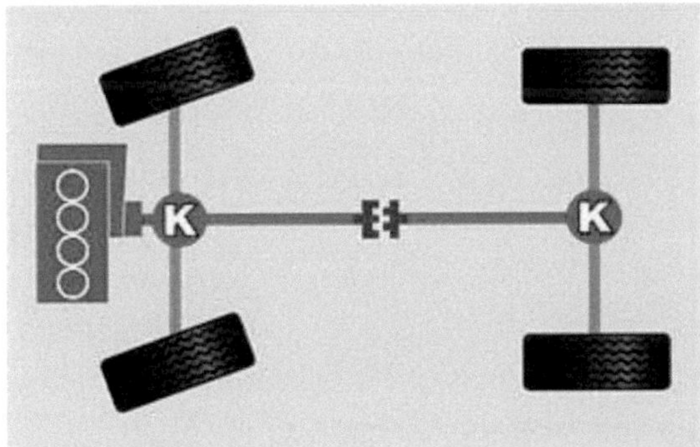

Abbildung 17 – Zuschaltbarer Allradantrieb mit Klauenkupplung u. Kegelraddifferenzialen[38]

[38] Fischer: Kraftfahrzeugtechnik, 323.

4 Systemgrenzen der Visco-Transmission

4.1 *Allrad-Bremsung*

Das Bremsverhalten eines vierradgetriebenen Fahrzeuges offenbart für den/die ungeübte/n FahrerIn ein grundsätzliches Dilemma. Denn obwohl der Allradantrieb bergauf ein Garant für müheloses Vorankommen bei schlechten Fahrbahnverhältnissen ist, sieht die Situation talwärts vollkommen anders aus: Denn 4WD-Fahrzeuge bremsen in der Regel nicht besser als vergleichbare Modelle mit 2WD-Antrieb. Wenn man bedenkt, dass heutige Kraftfahrzeuge beim Verzögern grundsätzlich bereits eine Allrad-Bremsung durchführen kann diese Tatsache eigentlich nicht verwundern. Darüber hinaus ist in speziellen Einzelfällen das Bremsverhalten eines Allradfahrzeugs auf indifferenten Fahrbahnverhältnissen sogar schlechter beherrschbar als mit einem simplen Einachsgetriebenen Fahrzeug. Einzig im Schubbetrieb auf extrem glatten Untergrund weist der Allrad-Antrieb einen Vorteil auf. Denn hier kommt es durch das Motorschleppmoment beim 2WD-Fahrzeug früher zum „überbremsen" und somit zum Blockieren der Räder als beim 4WD-Fahrzeug, da sich das Motorschleppmoment auf alle vier Räder verteilt. Dennoch konstatiert Stockmar zum Bremsen mit Allrad: *„[...] zwischen dem Vorwärtsdrang von Allradautos und ihrer Bremsfähigkeit bei Glätte herrscht eine große, oft genug Allrad-Neulinge erschreckende Diskrepanz."*[39]

4.2 *Bremsverhalten mit Visco-Transmission*

Die größte Stärke der Visco-Kupplung – dass sie ein autarkes, selbstregelndes System darstellt – ist gleichermaßen auch ihre größte Schwäche. Denn die automatische Koppelung der Achsen tritt nicht nur bei stockendem Vortrieb (Auftritt von Differenzdrehzahl durch Schlupf), sondern auch im Fall einer ungleichmäßigen Verzögerung der beiden Achsen auf. Für das kontrollierte Bremsverhalten eines Kraftfahrzeuges ist es nämlich zentral, dass die Hinterachse unter keinen Umständen vor der Vorderachse blockiert, da das Fahrzeug ansonsten seine Stabilität verliert und unkontrolliert schleudert. Durch blockierende Vorderräder verliert das Fahrzeug zwar seine Lenkfähigkeit, jedoch können die Hinterräder Seitenkräfte aufnehmen und halten das Fahrzeug in der Spur. [40]

Im Detail offenbart sich die Problematik des Bremsvorgangs mit Visco-Transmission folgendermaßen: Tritt während eines scharfen Bremsvorgangs an der Vorderachse ein höherer Schlupf auf als an der Hinterachse (was prinzipiell aus Stabilitätsgründen so vorgesehen ist), dann entsteht in der Visco-Kupplung ein Moment. Dieses Moment wirkt sich auf die Bremskraft der Vorderräder vermindernd aus, während es die Bremskraft der Hinterachse unterstützt. Eine Überbremsung der Hinterachse ist dadurch im Regelfall nicht zu erwarten, da bei sinkender Drehzahldifferenz auch das Moment in der Visco-Kupplung wiederum abnimmt.

---

[39] Stockmar: Allradtechnik, 120.

[40] Vgl.: Gunter Jammernegg: Verhalten von Allradfahrzeugen mit Visco-Kupplung beim Bremsen : Bearbeitung vorgegebener Lösungen der dabei auftretenden Probleme, Diplomarbeit TU Graz, 1988, 49.

Jedoch besteht die latente Gefahr, dass durch die höhere Kraftschlussbeanspruchung die Hinterräder bei dem Auftreten von Seitenkräften (Kurvenfahrt, hängenden Fahrbahn) die Haftgrenze verlassen. Als Resultat verliert das Fahrzeug seine Stabilität und schleudert unkontrolliert.

μ-Split-Bremstest

Noch problematischer ist der Einfluss der Visco-Transmission bei Bremsungen auf einer Fahrbahn mit unterschiedlichen Reibwerten – einer so genannten „μ-Split-Fahrbahn". Dieser Test entspricht einem Fahrzeug dessen fahrerseitigen Räder z.B. auf griffigem Asphalt rollen (hoher Reibwert) während die gegenüberliegenden Räder der Beifahrerseite eine Eisplatte (niedriger Reibwert) passieren.

Abbildung 18 - μ-Split Fahrbahn[41]

Kommt es nun zu einem stärkeren Bremsvorgang, bei dem das Vorderrad auf der Eisplatte blockiert, dann stellt sich durch den plötzlichen Abfall des Mittelwertes der Vorderraddrehzahlen ein hohes Moment an der Visco-Kupplung ein. Die Visco-Kupplung „bremst" nun zusätzlich die Hinterachse, wodurch auch das Hinterrad mit dem niedrigen Reibwert zum Stillstand kommt. Aus den unterschiedlichen Vorderachslängskräften resultiert bereits ein erhebliches Giermoment um die Hochachse, das sich durch das Visco-Moment auf die Hinterachse nun vergrößert. Als Resultat überschreitet das auf dem Asphalt rollende Vorderrad die Haftgrenze, und das Fahrzeug schleudert unkontrolliert auf die Fahrbahnseite mit dem höheren Reibwert.

[41] Stockmar: Allradtechnik, 124.

μ-Sprung Bremstest

Auch in anderen Bremssituationen sind die Auswirkungen einer Visco-Kupplung nicht zu unterschätzen. Gerät ein Fahrzeug bei einer Vollbremsung von griffiger Fahrbahn auf eine rutschige Fahrbahn, können die Vorderräder sehr leicht blockieren. In diesem Fall werden die Hinterräder erneut durch hohe Visco-Momente „gebremst". Auf gerader Fahrbahn ist der dadurch mögliche Verlust der Seitenführungskraft an den Hinterrädern möglicherweise noch beherrschbar, während dieser Effekt beim Bremsen in der Kurve fatale Folgen nach sich ziehen kann. Während ein 2WD- Fahrzeug hier nur seine Lenkfähigkeit durch das Blockieren der Vorderräder einbüßt, verliert das 4WD-Fahrzeug zur Gänze seine Stabilität und schleudert unkontrolliert.

4.3 *Lösung der Bremsproblematik*

Dem Traktionsvorteil eines Allradfahrzeuges mit Visco-Kupplung stehen somit eklatante Stabilitäts-Nachteile beim Bremsvorgang gegenüber. Die Problematik beim Bremsen beruht grundsätzlich auf der allzeit aktiven Drehmomentverbindung der Achsen, durch die es zu einer gegenseitigen Beeinflussung der Räder kommt. Um diesen Nachteile der Visco-Transmission auszumerzen gibt es mehrere Ansätze.

Das Kernproblem für die verminderte Stabilität beim Verzögerungsvorgang liegt im Wesentlichen in der möglichen Überbremsung der Hinterräder. Die Hinterräder werden dabei einerseits von der Bremskraft und andererseits von dem Visco-Moment belastet. Somit gibt es prinzipiell nur zwei mögliche Lösungswege für das aufgezeigte Problem:

1. Verringerung / Eliminierung der Bremskraft
2. Verringerung / Eliminierung des Visco-Momentes

4.3.1 Eliminierung des Visco-Moments

Um einen schädlichen Einfluss des Visco-Moments beim Bremsvorgang auszuschließen kann der Antriebsstrang „geöffnet" werden, indem die Visco-Kupplung um einen Freilauf erweitert wird.[42] Praktisch ist diese Möglichkeit beispielsweise beim VW Golf syncro der ersten Generation realisiert: Im Hinterachsdifferential wurde ein Klemmrollenfreilauf eingebaut, der im Schubbetrieb die Verbindung zwischen dem Antriebsstrang und der Hinterachse löst.[43] Bleibt also die Vortriebskraft des Motors aus, so verwandelt sich das Allrad-Fahrzeug in einen gewöhnlichen frontgetriebenen Golf. Die Visco-Kupplung kann zwar dadurch die Räder beim Bremsvorgang nicht mehr stören, doch verzichtet man auch auf die positive Wirkung des verteilten Motorschleppmoments bei geschlossenem Antriebsstrang. Ebenso ist das im reinen Schubbetrieb geänderte Fahrverhalten zu bedenken. Beim Lastwechsel in der Kurve stellt sich bei einem sonst sanft untersteuernd ausgelegten Fahrwerk ein ausgeprägtes

---

[42] Vgl.: Helmut Fennel: Bremsenregelsysteme bei Fahrzeugen mit Allradantrieb II, In: ATZ 10/2000. 865.

[43] Vgl.: Jammernegg: Verhalten von Allradfahrzeugen beim Bremsen, 61.

Schieben über die Vorderachse ein, was teilweise zu gefährlichen Situationen führen kann. Darüber hinaus musste eine mechanische Überbrückung des Freilaufs für die Rückwärtsfahrt eingebaut werden, da man ansonsten auf den Traktionsvorteil beim Anfahren im Retourgang verzichten hätte müssen.[44]

4.3.2 Verringerung der Bremskraft

Nicht bei jedem Antriebskonzept ist die konstruktive Ergänzung der Visco-Transmission um einen Freilauf möglich. Als Beispiel sei hier das Heckmotor-Konzept und dessen bekanntester Vertreter, die Porsche AG, genannt. Bei dieser Antriebsanordnung treibt der Heckmotor über das längs angeflanschte Getriebe direkt die Hinterräder. Bei der Erweiterung des Heckmotor-Konzepts zum Allrad führt typischerweise eine Kardanwelle vom Getriebeausgang zur Visco-Kupplung, die im Gehäuse des Vorderachsdifferentials untergebracht ist. Da sich beim Vortrieb wie auch beim Bremsen die Vorderachse langsamer dreht als die Hinterachse – sich also die Bewegungsverhältnisse nicht umkehren wie bei klassischen frontgetriebenen Fahrzeugen – fällt ein Freilauf als Lösungsmöglichkeit aus.

Abbildung 19 – Antriebsschema VW T3 Syncro[45]

Das erste gebaute Fahrzeug dieser Konfiguration war der bei Steyr-Daimler-Puch entwickelte „VW T3 syncro". Aufgrund der spiegelbildlichen Antriebsanordnung zum „VW Golf syncro" wurde anstatt des Freilaufs ein verzögerungsabhängiger Bremsdruckregler für die Hinterachse eingebaut, dessen Regelungscharakteristik in Abhängigkeit von der Verzögerungsgeschwindigkeit reagiert.[46] Diese Lösungsmöglichkeit eignet sich jedoch nur bedingt für andere Antriebskonzepte, da beim Heckmotor-Konzept das hohe Gewicht der Antriebseinheit auf die Hinterachse die Bremsstabilität des Fahrzeuges sehr günstig beeinflusst.[47]

---

[44] Vgl.: Peter Färber: synchro, das Allradantriebs-System von VW, In: Bernd Richter: Allradantriebe, Wiesbaden 1992, 167.

[45] http://www.vanagon.com/static/img/old/media/syncro/img/syncro_brochure_6.jpg [Zugriff 20.04.2013]

[46] Vgl. Jammernegg: Verhalten von Allradfahrzeugen beim Bremsen, 78.

[47] Vgl.: Ebd., 80.

4.4 *Elektronisch unterstützenden Bremssicherheitssyteme*

Wenn P. Färber zu Beginn der 90er Jahre für Volkswagen ausschließlich die Vorteile des Visco-Systems anpreist, dann inkludiert diese Lobeshymne gleichzeitig in gewisser Weise auch die systembedingten Nachteile: *„Die Visco-Kupplung arbeitet [...] als völlig autarkes, selbstständiges Bauteil. Sie bedarf keiner Ansteuerung von außen und übernimmt völlig automatisch die jeweilige bedarfsgerechte Verteilung des Antriebsmomentes auf Vorder- und Hinterachse, nur abhängig vom Schlupf der Vorderräder.“*[48] Im Umkehrschluss bedeutet dies aber auch, dass die Visco-Kupplung keinesfalls durch externe Elektronik geregelt oder beeinflusst werden KANN. Wie die Verträglichkeit mit modernen elektronischen Bremssicherheitseinrichtungen gegeben ist, soll dieses Kapitel klären.

4.4.1 Antiblockiersystem - ABS

Heute zählt ABS bereits bei Kleinwagen zur Serienausstattung, nach dem sich der europäische Verband der Automobilhersteller (ACEA) aus Sicherheitsgründen dazu verpflichtet hatte, ab 2003 alle Neufahrzeuge serienmäßig mit einem Antiblockiersystem auszustatten.[49] Die Wirkungsweise des elektronischen Systems sei kurz umrissen: Das ABS verhindert ein Blockieren der Räder, indem es für eine kontrollierte Regelung des Bremsvorgangs sorgt, wenn der/die Fahrerin sein Fahrzeug überbremst. Als Resultat verkürzt sich dadurch unter normalen Fahrbahnbedingungen der Bremsweg. Zusätzlich bleibt dadurch auch die Lenkfähigkeit des Fahrzeugs erhalten, da das ABS den Bremsdruck im hydraulischen Bremssystem pulsierend moduliert. Hierzu verzögert das System mittels der Betriebsbremsen bis knapp über den optimalen Reifenschlupf um danach die Bremse wieder kurzzeitig zu lösen. In dieser knappen Zeitphase geringer Bremskraft kann das Fahrzeug gelenkt werden und folgt mit geringer Abweichung dem Lenkeinschlag.[50]

Frühe ABS-Systeme für Allradfahrzeuge verfügten nur über drei Regelkanäle, d.h. die Raddrehzahlen der Hinterräder konnten nicht einzeln erfasst werden. Erst die Erhöhung auf vier Regelkanäle ermöglichte es alle Räder einzeln mit ABS-Sensoren zu überwachen und die Bremsvorgänge an den Rädern separat zu regeln.[51] Prinzipiell stellt die Integration eines ABS-Systems in einem Fahrzeug mit Visco-Transmission kein Problem dar. O. Peier konstatiert dazu: *„Bei der Auslegung einer ungeregelten Viscokupplung mit ihrer differenzdrehzahlabhängigen Übertragungscharakteristik muß ein für das jeweilige Fahrzeug guter Kompromiß [...] gefunden werden. Für Bremsstabilität und ABS-Tauglichkeit sind Zusatzeinrichtungen wie z.B. ein Freilauf oder eine schaltbare Lamellenkupplung notwendig.“*[52]

---

[48] Jammernegg: Verhalten von Allradfahrzeugen beim Bremsen, 165.

[49] Vgl.: http://eur-lex.europa.eu/LexUriServ/LexUriServ.do?uri=CELEX:52001DC0389:de:HTML [Zugriff 14.04.2013]

[50] Vgl.: Stockmar: Allradtechnik, 160.

[51] Vgl. Ebd., 161.

[52] O. Peier: Viscomatic, Aufbau und Funktion, In: Bernd Richter: Allradantriebe, Wiesbaden 1992, 56.

Der Lösungsansatz für das ABS-System ist somit derselbe wie für die bereits im Kapitel 4.3 skizzierte Bremsstabilität mit Visco-Transmission. Da der Antriebsstrang für den Bremsvorgang üblicherweise ohnehin geöffnet werden muss, erfordert die Integration eines ABS hinsichtlich der Visco-Transmission keine weiteren konstruktiven Zusatzmaßnahmen. Bei Antriebskonzepten die konstruktionsbedingt nicht um einen Freilauf erweitert werden können, kann die Auftrennung des Antriebsstrangs bei Bedarf durch eine gesteuerte Lamellenkupplung erfolgen. Für den „VW T3 Syncro" war optional ein Dreikanal-ABS erhältlich, das aufgrund der hohen Seitenkraftreserve der Hinterräder durch das Heckmotor-Konzept ohne weitere Zusatzmaßnahmen verbaut wurde.[53] Selbiges gilt für den Porsche 911 Turbo der von 2001 – 2008 produziert wurde, und dessen Visco-Transmission laut Hersteller ohne Auftrennung des Antriebsstrangs uneingeschränkt mit dem ABS-System verträglich ist.[54]

4.4.2 Elektronisches Stabilitäts Programm – ESP

Bekanntheit erlangte das Elektronische Stabilitäts-Programm vor Allem als „Anti-Kipp-Einrichtung", nach dem verpatzten Elchtest der Mercedes A-Klasse. [55] So kam es 1997 zur ersten Serienanwendung in einem PKW. Das moderne ESP besitzt aber wesentlich weitreichendere Fähigkeiten zur wirkungsvollen Entschärfung gefährlicher Fahrsituationen. So dient es heute in erster Linie dazu unter- oder übersteuernde Fahrzeugreaktionen bei schnellen Kurvenfahrten zu korrigieren. Die Wirkung des ESP beruht dabei auf der Verknüpfung mehrerer Einzelsysteme, wobei die zentrale Rolle dem gezielten, einseitigen Bremseingriff zukommt.

Zuerst ermittelt das Steuergerät des ESPs aus den Sensorgrößen für Querbeschleunigung, Gierwinkelbeschleunigung, Radgeschwindigkeiten und dem momentanen Lenkradwinkel die aktuelle Fahrsituation. Erkennt das Steuergerät eine starke Tendenz zum Untersteuern, dann korrigiert es das Schieben über die Vorderachse zum Kurvenaußenrand durch eine Bremsung des kurveninneren Hinterrades. Damit wird um die Fahrzeughochachse ein Giermoment in die Gegenrichtung erzeugt, dass das Fahrzeug auf den Sollkurs zurückleitet. Bei einem übersteuernden Fahrzeug wird vom ESP hingegen das kurvenäußere Vorderrad abgebremst um die Situation zu entschärfen. Auch hier bewirkt ein bewusst hervorgerufenes Giermoment die Stabilisierung des Fahrzeugs. Diese Bremseingriffe sind mit den heutigen Möglichkeiten der modernen Elektronik grundsätzlich sehr einfach darzustellen – vorausgesetzt, dass die einzelnen Räder keine Rückwirkung untereinander haben. Denn eine Verkoppelung der Räder beider Achsen wie bei Allradfahrzeugen führt zu wesentlichen komplexeren Zusammenhängen.[56]

---

[53] Vgl: Jammernegg: Verhalten von Allradfahrzeugen beim Bremsen, 82.

[54] Vgl.: Gerd Seifert: Die Fahrdynamik des neuen Porsche 911 Turbo: Antrieb, Fahrwerk, Regelsysteme, In: ATZ 02/2001, 112.

[55] http://www.auto-motor-und-sport.de/news/esp-elektronisches-stabilitaetsprogramm-mit-dem-elchtest-kam-der-erfolg-1792794.html [Zugriff 14.04.2013]

[56] Vgl.: Helmut Fennel: Bremsenregelsysteme bei Fahrzeugen mit Allradantrieb II, In: ATZ 10/2000, 867.

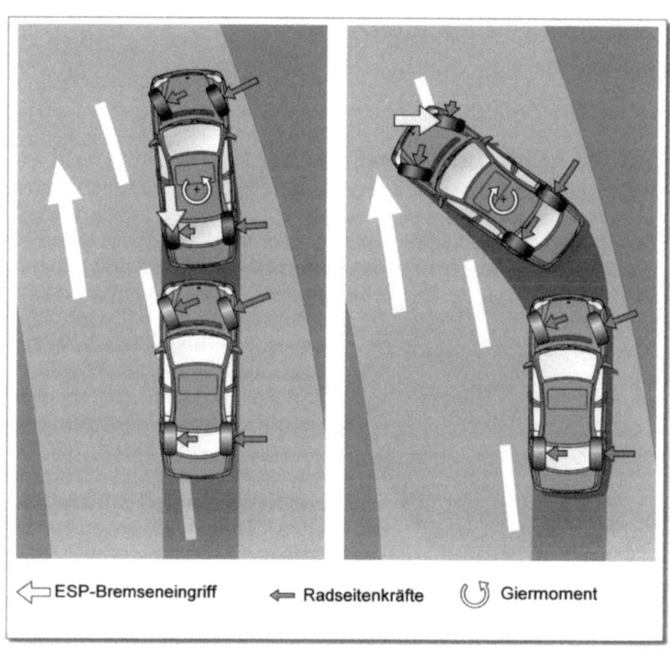

Abbildung 20 – ESP Bremseingriffe[57]

Ein Artikel in der ATZ über Bremsenregelsysteme bei Allradfahrzeugen bringt die Problematik der Visco-Transmission im Zusammenhang mit ESP auf den Punkt: *„Die physikalischen Vorgänge in einer solchen Kupplung entziehen sich einer exakten Berechnung. [...] Diese nicht eindeutige Momentenverteilung ohne Information über den Zustand ist von einer Fahrstabilität und Lenkfähigkeit ausgelegten ASR-Regelung sehr schwer beherrschbar. Die für die Fahrstabilität rad- beziehungsweise achsindividuelle Beeinflussung des Drehmoments ist nicht bzw. nur schwer möglich."*[58]

Da das aktive ESP im Gegensatz zum ABS nicht nur im Schubbetrieb aktiv ist, ist eine Auftrennung des Antriebsstranges mittels eines einfachen Freilaufs zur Überbrückung der Visco-Kupplung hier nicht zielführend. Ohne diese „Öffnung" verursacht aber bspw. ein einzelner Bremseingriff durch das ESP an der Vorderachse zwangsweise eine Fortpflanzung desselben über die Visco-Kupplung zur Hinterachse. Dies kann im schlimmsten Fall dazu führen, das die Hinterräder in Bremsschlupf geraten, Seitenkraft verlieren und das Fahrzeug dadurch zusätzlich instabil machen.[59] Um die Visco-Transmission mit einem ESP kompatibel zu machen müsste zwangsweise bei jedem Regelvorgang der Antriebsstrang mittels einer zusätzlichen Lamellenkupplung geöffnet werden.

Somit offenbart sich das große Problem der Visco-Transmission im Zeitalter der modernen Elektronik. Nicht die Einführung des mit der Visco-Kupplung prinzipiell kompatiblen ABS-

[57] Stockmar: Allradtechnik, 167.

[58] Rainer Klusemann: Bremsenregelsysteme bei Fahrzeugen mit Allradantrieb, In: ATZ 09/2000, 761-762.

[59] Vgl.: Helmut Fennel: Bremsenregelsysteme bei Fahrzeugen mit Allradantrieb II, In: ATZ 10/2000, 868.

Systems bedeutete die langsame Verdrängung des günstigen „Hang-On-Allradsystems" sondern die schleichende Etablierung des elektronischen Stabilitätsprogramms als Serienausstattung im PKW-Bereich. So verfügten 2009 bereits 72 Prozent der PKW-Modellreihen serienmäßig über ESP, während 2006 dieser Anteile noch bei 58 Prozent lag.[60] Mit der Einführung der ESP-Pflicht für alle neuentwickelten Autos ab dem 1. November 2011 hat das Europäische Parlament ohnehin vollendete Tatsachen gesetzt.[61] Karl-Heinz Leitner konstatiert dazu: *„Beide Fahrzeugtypen [Allrad-Limousinen und SUVs] werden heute nahezu serienmäßig mit fahrdynamischen Regelsystemen (ABS, ESP) ausgestattet, was die uneingeschränkte Kompatibilität der Allradsysteme voraussetzt. Rein mechanisch arbeitende Systeme, z. B. die ungeregelte Viscokupplung, können diesen Anspruch nicht erfüllen und werden wohl weiterhin an Bedeutung verlieren."*[62]

Allerdings sind nicht alle altbewährten mechanischen Systeme durch die Etablierung des ESPs vom Aussterben bedroht. Denn das Torsen-Differential der Audi-Quattro-Generation ist mit ESP und ASR uneingeschränkt kompatibel. Dieser Umstand ergibt sich aus der drehmomentfühlenden Übertragungscharakteristik des Torsen-Differentials die nicht nur exakt „vorher-bestimmbar" sondern auch „vorher-berechenbar" ist. Das Drehmoment im Antriebsstrang, die Sperrwirkung des Differentials und die Auswirkungen eines gezielten Bremseingriffs können demnach gezielt berechnet werden. Eine Anpassung an die Regelelektronik des ESPs ist somit mit überschaubarem Mehraufwand darstellbar.

Völlig anders verhält sich das wesentlich trägere System der Visco-Kupplung, da es nicht drehmoment- sondern drehzahlfühlend ist. Die Differenzdrehzahl ist zu einem gewissen Anteil aber nur eine indirekte Steuergröße, da diese durch innere Reibung in der Visco-Kupplung in Wärme umgesetzt wird. Erst durch die Wärmeausdehnung des Silikonöls kommt es zum Druckanstieg in der Visco-Kupplung der für die maximale Sperrwirkung verantwortlich zeichnet. Die Visco-Transmission entzieht sich somit einer exakten Vorhersagbarkeit, da die Außentemperatur als auch die Temperatur-Pufferwirkung des Gesamtsystems einen großen Einfluss auf den Zustand der Visco-Kupplung ausüben. Beispielsweise wird sich ein Fahrzeug mit Visco-Transmission nach einem steilen Anstieg mit hohem Schlupfanteil aufgrund des höheren Temperaturniveaus in der Visco-Kupplung in einer darauf folgenden Kurve anders verhalten, als in einer vergleichbaren Kurve nach ebener Fahrbahn mit hohen Haftwerten. Das ebenfalls rein mechanische Torsen-Differential mit seiner systemimmanenten Regelung ist dagegen drehmomentfühlend und verhält sich in vergleichbaren Kurven dagegen nach einer vorhersagbaren Kennlinie. Somit kann das Torsen-Differential, obwohl ebenfalls rein mechanisch, ohne Problem durch elektronische „Helferlein" ergänzt werden – was bei der sich indifferent verhaltenden Visco-Kupplung ohne Auftrennung des Antriebsstrangs normalerweise unmöglich ist.

---

[60] http://www.udv.de/fahrzeugsicherheit/pkw/fas/esp-2009/ [Zugriff 15.04.2013]

[61] http://www.heise.de/autos/artikel/Europaeisches-Parlament-stimmt-ESP-Pflicht-zu-476269.html [Zugriff 15.04.2013]

[62] Karl-Heinz Leitner: Von der Idee zum Markt: die 50 besten Innovationen Österreichs, Wien 2003, 206.

4.5 *Weiterentwicklung der Visco-Kupplung*

4.5.1 Viscomatic

Die teilweise negativen Auswirkungen einer ungeregelten Visco-Kupplung auf die Fahrstabilität waren dem Kooperationspartner von VW im Allradbereich, der Steyr-Fahrzeugtechnik, nicht verborgen geblieben. Deswegen startet man 1986 mit der Entwicklung einer extern regelbaren Visco-Kupplung, um die Visco-Transmission besser an spezifische Bedingungen anpassen zu können.[63] Die später unter dem Produktnamen „Viscomatic“ vermarktete Entwicklung kann dabei mit einer in weiten Grenzen veränderbaren Übertragungscharakteristik aufwarten. Dazu wird über eine elektronisch gesteuerte Hydraulik der Abstand zwischen den Lamellen als auch der Innendruck verändert.[64] *„Damit zeichnet sich die Viscomatic mit der vollen Kompatibilität zu anderen Regelsystemen wie ABS oder ESP aus.“*[65]

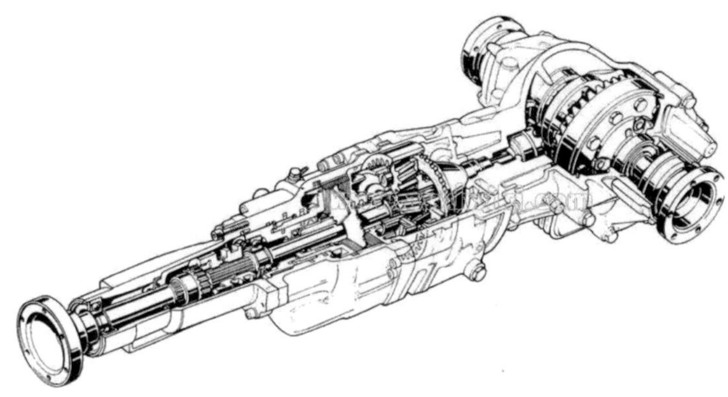

Abbildung 21 – Viscomatic des Alfa 166 Q4[66]

Dieses teure und komplizierte System hat aber nur mehr wenig mit der ursprünglich bestechenden Einfachheit der selbstregelenden Visco-Kupplung gemein. So konnte die Steyr-Fahrzeugtechnik nur Alfa Romeo von dem Einsatz der Viscomatic überzeugen. Der Alfa 166 Q4 mit seiner Viscomatic ist somit weltweit das einzige Serienfahrzeug mit einer regelbaren Visco-Kupplung. Letztendlich blieb das Projekt eine kommerzielle Enttäuschung, wenn auch bei SFT durch dessen Entwicklung ein Kompetenzvorsprung für weitere Projekte aufgebaut werden konnte. Karl-Heinz Leitner resümiert hierzu: *„Für die Viscomatic konnte [...] kein weiteres Serienprojekt akquiriert werden, es blieb daher bei der von Alfa Romeo beauftragten – letztendlich enttäuschenden – Stückzahl.“*[67]

---

[63] Vgl.: Karl-Heinz Leitner: Innovationen, 204.

[64] H. Lanzer: Aktive Drehmomentübertragung am Beispiel der Viscomatic, In: Bernd Richter: Allradantrieb Wiesbanden 1992, 82.

[65] Stockmar: Allradtechnik, 95.

[66] http://www.awdwiki.com/en/alfa-romeo/ [Zugriff 24.04.2013]

[67] Karl-Heinz Leitner: Innovationen, 205.

4.5.2 Steuerbare Viscokupplung

Einen Ausweg aus dem Dilemma der ESP-Verträglichkeit hat die Firma „GKN Viscodrive“ als Hersteller von ungeregelten Visco-Kupplungen aufgezeigt. 2004 wurde dem Unternehmen ein Patent auf eine „Steuerbare Viscokupplung“ erteilt. Dabei werden im Wesentlichen die Außenlamellen der Visco-Kupplung nach Bedarf durch einen Mechanismus drehfest ver- und entriegelt. Somit wird auf relativ einfach Weise eine Öffnung des Antriebsstranges erreicht.

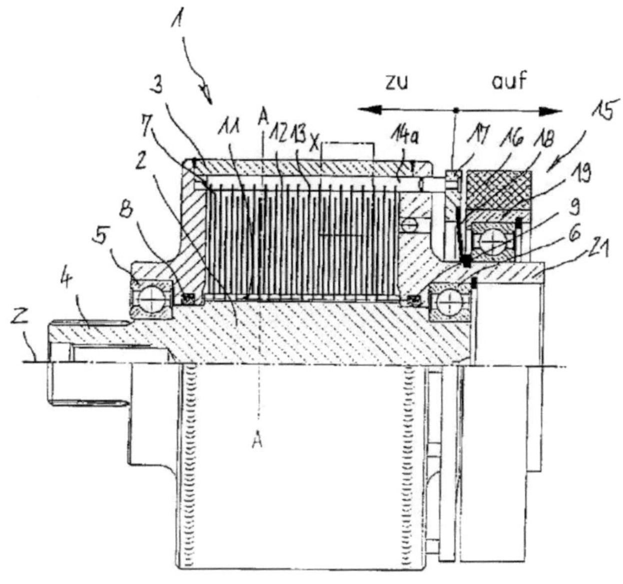

Abbildung 22 – Steuerbare Visco-Kupplung[68]

Bisher musste die Visco-Transmission dazu um eine zusätzliche Lamellenkupplung ergänzt werden. GKN beschreibt die Beweggründe für diese Erfindung folgendermaßen: *„Der Vorteil dieser Ausgestaltung besteht darin, daß die Viscokupplung während eines Regeleingriffs eines Fahrdynamikregelsystems in die Fahrdynamik des Kraftfahrzeuges schnell ganz freigeschaltet werden kann. […] Dies ist insbesondere bei Aktivieren des Anti-Blockier-Systems (ABS) oder eines elektronischen Stabilitätsprogramms (ESP) von großer Wichtigkeit, damit der Eingriff optimiert erfolgen kann und die Viscokupplung dem Eingriff insbesondere nicht entgegenwirkt.“*[69] Bisher ist allerdings noch kein (Serien-) Einsatz dieser Entwicklung bekannt geworden.

---

[68] http://at.espacenet.com/ - Nummernsuche für DE10226248B3 „Steuerbare Viscokupplung“, Anmeldedatum: 13.06.2002, (Zugriff am 17.04.2013).

[69] Ebd. S.3

5 Praktische Beispiele

5.1 *Golf syncro (4Motion)*

Der VW Golf wurde erstmals 1985 mit einem Allradantrieb angeboten. Dabei verzichtete man auf ein zusätzliches Mittendifferential, wie es der zuvor angebotene Passat Syncro erhalten hatte, sondern griff auf die kosteneffizientere Visco-Kupplung zurück. Andernfalls hätte sich der Allrad-Antrieb in der Golf-Klasse nicht zu einem marktgerechten Preis verwirklichen lassen. Die bereits zuvor im VW Bus T3 eingesetzte Visco-Kupplung wurde danach auch im VW Bus T4 und dem Golf III übernommen. Mit dem Golf IV verabschiedete sich Volkswagen jedoch endgültig von dem Prinzip der Visco-Kupplung: *„Erst der Einsatz blitzschneller elektronischer Fahrdynamik-Regelsysteme wie dem ESP im Golf der Generation IV beendete die Karriere der Visco-Kupplung; gleichzeitig verschwand damit der Name syncro von den Typenschildern.“*[70]

An die Stelle der Visco-Kupplung mit der Systembezeichnung „syncro“ rückte ein neues System mit der Bezeichnung „4motion“. Dahinter verbirgt sich eine elektronisch geregelte Haldex-Kupplung, deren Kernelemente eine Axialkolben-Ölpumpe und eine Lamellenkupplung bilden. Dieses System ist hundertprozentig kompatibel mit elektronischen Stabilitätssystemen. Im Fall eines instabilen Fahrzustandes wird einfach über die Regulation des Öldrucks die Verbindung zwischen Hinter- und Vorderachse unterbrochen. Somit kann das ESP jedes Rad unabhängig von den restlichen Rädern abbremsen und somit mögliche Instabilitäten vermeiden.

5.2 *Fiat Panda 4x4*

In dem Marktsegment der allradgetriebenen Kleinwagen war die Visco-Transmission lange Zeit die dominierende Lösung. Die konstruktiv simple „Hang-On-Konzeption“ konnte sehr kosteneffizient umgesetzt werden als der vormals verwendete, manuelle Zuschalt-Allrad als nicht mehr zeitgemäß galt. So wurde die 2005 präsentierte Allrad-Version des Fiat Panda 4x4[71] mit einer selbstregelnden Visco-Kupplung versehen. Bereits damals monierte die Automobile Fachwelt über die systembedingten Nachteile der Visco-Transmission im Zeitalter der modernen Elektronik: *„Ein weiterer Nachteil: Daß die Verbindung zwischen Vorder- und Hinterachse nie wirklich abgeschaltet wird, verträgt sich nicht mit Fahrhilfesystemen (ESP). Und weil Fiat die Schlupfregelung ASR nur in Verbindung mit ESP einbaut, ist die Traktionshilfe für den Allrad-Panda nicht lieferbar.“*[72]

---

[70] https://www.volkswagen-media-services.com/medias_publish/ms/content/de/pressemitteilungen/2007/01/10/faszination_technik.standard.gid-oeffentlichkeit.html [Zugriff 15.04.2013]

[71] Nuova Panda Typ 169, 2003-2010.

[72] http://www.autobild.de/artikel/fiat-panda-4x4-48218.html [Zugriff 15.04.2013]

Beim Allrad-Panda der dritten Generation, die 2013 präsentiert wurde, sind solche Beanstandungen nicht mehr zu befürchten. Denn der neue Allrad-Zwerg verteilt seine Antriebskräfte nun über eine elektronisch gesteuerte Lamellenkupplung auf die vier Räder – ESP ist nun EU-Konform serienmäßig an Bord.[73]

5.3 *Porsche 911 Turbo*

Interessanterweise präsentiere der Premiumhersteller Porsche sein Allrad-Spitzenmodell „911 Turbo" im Jahr 2001 mit einer simplen Visco-Kupplung zur Anbindung der Vorderachse. Dazu muss man wissen, dass Porsche bei der Allrad-Entwicklung aus Klientelpflege den umgekehrten Weg beschritt. Denn beim Vorgängermodell, dem Porsche 911 Carrera 4, war der Allradantrieb mittels eines aufwendigen Mittendifferentials und elektronisch gesteuerten Sperren realisiert worden. Das Mittendifferential sorgte für eine fixe Leistungszuteilung von 69 Prozent auf die Hinterachse. Trotzdem das Fahrzeug durch eine ausgezeichnete Traktion auffiel, erntete der Carrera 4 zum Beginn seiner Karriere nicht nur Lob. Der Hersteller selbst meinte dazu: *„[...] durch die feste Momentenverteilung zwischen den Achsen [erreicht das Fahrzeug] bei gleichzeitig stark schwankender dynamischer Radlastverteilung nicht immer ideale Fahreigenschaften."*[74] Stockmar beschreibt den Unmut über das damalige Allrad-Modell etwas unverblümter: *„Er schwenkte im Grenzbereich nicht mit dem Heck aus, wie es die vorherigen Porsche-Generationen nur zu leicht taten und was als sportliches Fahrverhalten für besonders mutige Männer eingestuft wurde."*[75]

Da bei „Hang-On" Allrad-Lösungen die direkt angetriebene Achse stets mit größerem Antriebsschlupf läuft, entschied man sich beim Nachfolger für den Einsatz einer konventionellen Visco-Kupplung für das Allrad-Modell „Porsche 911 Turbo" um die Hinterrad-Charakteristik des Basisfahrzeuges zu erhalten.[76] Laut den Entwicklungsingenieuren hätte eine gesteuerte Lamellenkupplung mehr Gewicht und Bauraum als die verwendete Visco-Kupplung erfordert, wodurch der Allradantrieb mir nur 55kg Zusatzgewicht realisiert werden konnte.[77] Vorteilhaft für die Visco-Kupplung war hier wiederum das Antriebskonzepts des Heckmotors: Denn da aufgrund der Vorderachslast nur verhältnismäßig kleine Momente an die Vorderräder übertragen werden mussten, konnte die Übertragungskennlinie der Visco-Kupplung sehr weich ausgelegt werden. Durch diese „Soft-Visco" war es Porsche möglich die Problematik der elektronischen Bremsstabilisierung zu umgehen: *„Somit ist das bei gesteuerten Lamellenkupplungen mögliche Trennen des Kraftschlusses – um die Verträglichkeit mit Fahrwerksregelsystemen sicherzustellen – für die Auswahl ohne Bedeutung. [...] Die [...] Verträglichkeit mit dem Fahrwerksregelsystem und dem ABS ist mit der gewählten Viscokupplungschara-*

[73] http://diepresse.com/home/leben/motor/1328969/Fiat-Panda-4x4_Die-Rueckkehr-des-HuettenwirtKlassikers [Zugriff 15.04.2013]

[74] Seifert: Porsche 911, 108.

[75] Stockmar: Allradtechnik, 125.

[76] Seifert: Porsche 911, 108.

[77] Vgl.: Ebd., 115.

keristik uneingeschränkt gegeben.“[78] Mit der Präsentation des neuen Porsche Carrera 4 und Carrera 4S im Oktober 2008 verabschiedete sich Porsche jedoch von seinem Allrad-Sonderweg in der Klasse der Premiumhersteller. Die bisherige Visco-Kupplung wurde nun durch das elektronisch gesteuerte „Porsche Traction Management“ (PTM) abgelöst, das bereits im Porsche Cayenne zum Einsatz kam und eine geregelte Lamellenkupplung zur Basis hat.[79]

[78] Ebd., 112.

[79] http://www.porsche-duesseldorf.de/de/veranstaltungen-news/carrera4_de_dus,458692.html [Zugriff 16.04.2013]

6 Zusammenfassung und Ausblick

Die mehr als zwei Jahrzehnte dauernde Ära der Visco-Kupplung als kosteneffiziente Möglichkeit eines „Hang-On“ Allradsystems neigt sich ihrem Ende zu. Dafür verantwortlich zeichnet die weitgehende Unverträglichkeit von elektronischen Stabilitätsprogammen (ESP) mit der Visco-Transmission. Denn aufgrund der zwangsweisen Koppelung der Achsen durch die Visco-Kupplung führt ein gezielter Bremseingriff immer auch zu einer Beeinflussung anderer Räder.

Die von der Steyr Fahrzeugtechnik entwickelte, regelbare Visco-Kupplung mit dem Produktnamen „Viscomatic“ konnte diese prinzipbedingten Nachteile zwar ausmerzen, ist jedoch als technischer „Overkill“ zu betrachten. Letztlich konnte dieses teure und komplizierte System – das nichts mehr mit der ursprünglich bestechenden Einfachheit der Visco-Kupplung gemein hat – nicht auf dem Markt reüssieren. Das Auftrennen des Antriebsstranges mittels einer gesteuerten Lamellen-Kupplung zur Erreichung einer ESP-Kompatibilität wäre zwar ein möglicher, aber kein sinnvoller Weg. Denn wieso sollte eine Visco-Kupplung eigens mit einer gesteuerten Lamellen-Kupplung kombiniert werden, wenn auch eine geregelte Lamellen-Kupplung **anstatt** einer Visco-Kupplung verwendet werden kann? Die Antwort geben das „4motion“ System von Volkswagen mit einer steuerbaren Haldex-Kupplung und das „x-Drive“ System von BMW mit geregelter Lamellenkupplung. Diese elektronisch beeinflussbaren Systeme können diese Aufgabe wesentlich besser erfüllen, indem sie einen weit größeren Regelumfang bei vergleichbarem konstruktiven Aufwand bieten.

Am sinnvollsten erscheint hier ein Lösungsansatz des Visco-Kupplung Herstellers „GKN Viscodrive“, dem 2004 ein Patent für eine „Steuerbare Viscokupplung“ erteilt wurde. Damit ist zwar eine simple Auftrennung des Antriebsstrangs möglich, dennoch fehlt die gezielte fahrdynamische Eingriffsmöglichkeit die eine geregelte Lamellenkupplung bieten kann. Somit ist durch die seit 2011 bestehende ESP-Pflicht für Neuwagen ein völliges Verschwinden der Visco-Kupplung für den europäischen Automarkt zu erwarten.

7 Anhang

7.1 *Abkürzungsverzeichnis*

2WD	Two Wheel Drive
4WD	Four Wheel Drive
Abb.	Abbildung
ABS	Anti-Blockier-System
ATZ	Automobiltechnische Zeitschrift
bzw.	Beziehungsweise
ca.	Circa
ESP	Elektronisches-Stabilitäts-Programm
GPW	General Purpose Willys
KdF	Kraft durch Freude
km	Kilometer
PKW	Personenkraftwagen
PS	Pferdestärke
Tab.	Tabelle
US	United States
SFT	Steyr-Fahrzeug-Technik
v.a.	vor allem
VW	Volkswagen

7.2 *Literaturverzeichnis*

Gedruckte Literatur

Dietmar Abt: Die Erklärung der Technikgenese des Elektroautomobils, Frankfurt am Main 1998.

Hans Hermann Braess, Ulrich Seiffert: Vieweg Handbuch Kraftfahrzeugtechnik, Wiesbaden 2003.

Peter Färber: synchro, das Allradantriebs-System von VW, In: Bernd Richter: Allradantriebe, Wiesbaden 1992.

Helmut Fennel: Bremsenregelsysteme bei Fahrzeugen mit Allradantrieb II, In: ATZ 10/2000.

Richard Fischer: Fachkunde Kraftfahrzeugtechnik, Wien 2010.

Gunter Jammernegg: Verhalten von Allradfahrzeugen mit Visco-Kupplung beim Bremsen : Bearbeitung vorgegebener Lösungen der dabei auftretenden Probleme, Diplomarbeit TU Graz, 1988.

Rainer Klusemann: Bremsenregelsysteme bei Fahrzeugen mit Allradantrieb, In: ATZ 09/2000.

H. Lanzer: Aktive Drehmomentübertragung am Beispiel der Viscomatic, In: Bernd Richter: Allradantrieb Wiesbanden 1992.

Karl-Heinz Leitner: Von der Idee zum Markt: die 50 besten Innovationen Österreichs, Wien 2003.

Hanspeter Mayer: Lebensdauer einer Viscokupplung unter vorgegebenen Betriebsbedingungen, Diplomarbeit TU Graz, 1990.

Hans Georg Mayer-Stein: Volkswagen: Militärfahrzeuge 1938-1948: KdF-Wagen, Kübelwagen und Schwimmwagen im Einsatz, Friedberg 1993.

Harald Naunheimer, Bertsche Bernd, Lecher Gisbert: Fahrzeuggetriebe Grundlagen, Auswahl, Auslegung und Konstruktion, Berlin 2007.

O. Peier: Viscomatic, Aufbau und Funktion, In: Bernd Richter: Allradantriebe, Wiesbaden 1992.

Wolfgang Peschke: Die Wirkungsweise einer Visco-Kupplung und ihr Einfluss auf die Traktion eines Allradfahrzeugs, Dissertation Universität Hannover, 1989.

Gerd Seifert: Die Fahrdynamik des neuen Porsche 911 Turbo: Antrieb, Fahrwerk, Regelsysteme, In: ATZ 02/2001.

Jürgen Stockmar: Das große Buch der Allradtechnik, Stuttgart 2004.

Steve Zaloga, Hugh Johnson: Jeeps 1941-45, Oxford 2005.

Internetquellen

http://www.uni-protokolle.de/Lexikon/W%E4rmeausdehnungskoeffizient.html [Zugriff 24.04.2013].

http://www.technischesmuseum.at/objekt/elektrofahrzeug-lohner-porsche-1900 [Zugriff 23.03.2013].

http://dc430.4shared.com/doc/OY5rDBBO/preview.html [Zugriff 24.04.2013].

http://www.autobild.de/bilder/reportage-vw-bus-t3-syncro-17193.html [Zugriff 13.03.2013]

http://www.vanagon.com/static/img/old/media/syncro/img/syncro_brochure_6.jpg [Zugriff 20.04.2013].

http://www.nskeurope.de/cps/rde/xchg/eu_de/hs.xsl/kegelraddifferential-und-antriebswelle.html [Zugriff 25.04.2013].

http://www.auto-motor-und-sport.de/bilder/lohner-porsche-erstes-hybridauto-erstmals-allradantrieb-1939709.html [Zugriff 13.03.2013].

https://www.press.bmwgroup.com/pressclub/p/ch/photoDetail.html [Zugriff 24.04.2013].

http://www.kfztech.de/images/kfztechnik/pop_hal.gif [Zugriff 20.04.2013].

http://www.auto-motor-und-sport.de/news/esp-elektronisches-stabilitaetsprogramm-mit-dem-elchtest-kam-der-erfolg-1792794.html [Zugriff 21.04.2013].

http://www.udv.de/fahrzeugsicherheit/pkw/fas/esp-2009/ [Zugriff 21.04.2013].

http://www.heise.de/autos/artikel/Europaeisches-Parlament-stimmt-ESP-Pflicht-zu-476269.html [Zugriff 23.04.2013].

http://www.awdwiki.com/en/alfa-romeo/ [Zugriff 13.04.2013].

http://at.espacenet.com/ - Nummernsuche für DE10226248B3 [Zugriff 23.04.2013].

https://www.volkswagen-media-services.com/medias_publish/ms/content/de/pressemitteilungen/2007/01/10/faszination_technik.standard.gid-oeffentlichkeit.html [Zugriff 21.04.2013].

http://www.autobild.de/artikel/fiat-panda-4x4-48218.html [Zugriff 23.04.2013].

http://diepresse.com/home/leben/motor/1328969/Fiat-Panda-4x4_Die-Rueckkehr-des-HuettenwirtKlassikers [Zugriff 15.04.2013].

http://www.porsche-duesseldorf.de/de/veranstaltungen-news/carrera4_de_dus,458692.html [Zugriff 23.04.2013].

7.3 *Abbildungsverzeichnis*

7.4 *Tabellenverzeichnis*

7.5 *Formelverzeichnis*